量子力学基本概念的发展

第2版

黄永义◎编著

中国科学技术大学出版社

内容简介

本书以近代最著名的几位物理学家的原始文献为依据精心编写而成，着力阐述量子力学基本概念的形成和发展。这些基本概念包括 Planck 量子论、Einstein 光量子、Bohr 氢原子理论、de Broglie 物质波、Heisenberg 矩阵力学、Dirac 量子泊松括号、Schrödinger 波动力学、Born 波函数统计解释、Heisenberg 不确定关系、Pauli 不相容原理、量子力学哥本哈根解释、Einstein-Podolsky-Rosen 佯谬和量子纠缠。附录介绍了主要物理学家的科学贡献和原始性创新的思维方式。

本书是中国大学慕课“量子力学基础”的教材，可作为（综合、理工、师范类）高等院校量子力学、近代物理学和原子物理学课程的补充资料，也可作为相关科研和教学人员的参考用书。

图书在版编目(CIP)数据

量子力学基本概念的发展/黄永义编著. —2 版. —合肥：中国科学技术大学出版社，2021. 4

ISBN 978-7-312-05180-7

Ⅰ. 量…　Ⅱ. 黄…　Ⅲ. 量子力学—研究　Ⅳ. O413. 1

中国版本图书馆 CIP 数据核字(2021)第 045983 号

量子力学基本概念的发展

LIANGZI LIXUE JIBEN GAINIAN DE FAZHAN

出版　中国科学技术大学出版社
安徽省合肥市金寨路 96 号，230026
http://press.ustc.edu.cn
https://zgkxjsdxcbs.tmall.com

印刷　合肥市宏基印刷有限公司

发行　中国科学技术大学出版社

经销　全国新华书店

开本　710 mm×1000 mm　1/16

印张　10. 5

字数　183 千

版次　2018 年 11 月第 1 版　2021 年 4 月第 2 版

印次　2021 年 4 月第 2 次印刷

定价　48. 00 元

第 2 版前言

本书是作者的中国大学慕课“量子力学基础”的教材。相较于第 1 版，本版更加完整地阐述了量子力学的概念。

具体地说，第 5 章增加了 5.1 节“Kramers 色散理论”，介绍了 Heisenberg 矩阵力学诞生的背景；第 7 章增加了 7.3 节“Dirac-Jordan 表象变换理论”；第 11 章增加了 11.1 节“基本原理”，并重新改写了该章其余内容；第 12 章增加了 12.1 节“Einstein 光子箱”。对其他各章也做了适当的增补，如第 1 章修改了 Wien 给出黑体辐射 Wien 公式的理由；第 3 章修改了 Bohr 氢原子能级的导出方法，补充了由对应原理给出的光谱强度公式；第 5 章补充了 Heisenberg 量子化条件满足对应原理的要求、矩阵力学的非简并微扰论及矩阵力学处理问题的一般方法；第 7 章补充了波动力学的非简并和简并微扰结果，并完整地补充了波动力学和矩阵力学的等价性证明；第 9 章补充了由 Gauss 波包导出位置动量不确定关系的内容及最小不确定关系的量子态，修改了严格导出 Heisenberg 不确定关系的方法；第 10 章补充了 Bose-Einstein 统计；另外，还改正了第 1 版中出现的印刷错误。

由于作者学识有限，书中不妥或错漏之处在所难免，恳请读者对本书提出批评和建议，以便再版时改正。

本版的修订工作得到了西安交通大学物理学院的资助，感谢物理学院领导，特别是李蓬勃副院长的热情鼓励和大力支持。

黄永义

2020 年 12 月于西安交通大学

前　言

国内有关量子力学的书籍汗牛充栋，而对于量子力学基本概念，不管是量子力学、近代物理或原子物理的教材，还是有关量子力学发展史的书籍中都很少有系统的讲述。量子力学基本概念是近代非常著名的几位物理学家提出和发展的，他们的工作具有极高的原始创新性，因此系统地整理这些基本概念是十分必要的。本书的任务就是以物理学家的原始文献为依据，原汁原味地、详细地介绍量子力学基本概念的形成和发展。内容包括 Planck 量子论、Einstein 光量子、Bohr 氢原子理论、de Broglie 物质波、Heisenberg 矩阵力学、Dirac 量子泊松括号、Schrödinger 波动力学、Born 波函数统计解释、Heisenberg 不确定关系、Pauli 不相容原理、量子力学哥本哈根解释、Einstein-Podolsky-Rosen 佯谬和量子纠缠，以弥补国内教材这方面的不足。本书不涉及 Feynman 路径积分的内容，一则是因为 Feynman 路径积分的发展过程非常清楚，再则是因为曾谨言、苏汝铿等人的量子力学著作对这部分内容已做了全面而深入的论述。

本书是作者的中国大学慕课“量子力学基础”的教材，通过这本书的学习，学生不但能了解量子力学基本概念的发展过程，而且能身临其境地看到物理学家面对物理谜团时研究问题的思路和解决问题的方法，甚至能够领会到不同物理学家的研究风格。附录介绍了主要物理学家的科学贡献和原始性创新的思维方式。在惊叹物理学家获得的卓越的科学成就，了解物理学家科学研究的思维方式后，我国的年轻学子应积极投身于科学研究，力争成为世界级物理学家，为进一步提升我国科学技术的创新水平做出贡献。

本工作得到西安交通大学物理学院的支持。由于作者学识有限，书中肯定会有不妥之处，恳请读者对本书提出批评和建议，以便再版时改正。

黄永义

2018 年 3 月于西安交通大学

目　录

第1章 Planck量子论

1.1 热 辐 射

具有一定温度的物体，都会向周围空间发射电磁波，而辐射的频率从无线电波到X射线的各个频段都会覆盖到，这种由温度决定的辐射称为热辐射。物体这种无时不在、无处不在的热辐射是热力学原理的一种结果，热力学原理告诉我们，热量只能从高温物体自动地向低温物体流动，热辐射是热量传递的一种方式，另外两种方式是传导和对流。由于物体总与其他物体有热交换，因此物体与物体之间总存在一定的热辐射。在非平衡态下，温度高的物体失掉的热量多于得到的热量，温度低的物体正好相反，这样物体与物体之间才能达到热平衡。显然，热平衡时物体辐射的电磁波和吸收的电磁波的量相等，物体的温度也不再变化。物体的热辐射并不神秘，我们在日常生活中都能看到，比如白炽灯的钨丝，不通电时为黑色，通电时随着钨丝电流的增大，钨丝的温度由常温20 ℃逐渐升高至2 500 ℃，钨丝由暗红到红色、橘黄，最后发出刺眼的白光。事实上，这是物体热辐射的一个规律，即随着物体温度的升高，物体在单位时间内向外发射的辐射能也随之增大，当然温度恒定时，物体在辐射电磁波的同时也在等量地吸收着电磁波，以达到热辐射的平衡。物体温度低时也向外辐射电磁波，辐射能量很小的红外线，军事上用的红外夜视仪就是基于这个原理。总结一下热辐射的特点如下：辐射的电磁波连续；频谱分布随温度变化而变化，温度越高，辐射能力越强；平衡时，辐射本领越大，吸收本领也越大。

为了定量地描述辐射场和它与物体之间的各种能量转移，我们需要引入几个物理量。

(1) 辐射场能量密度 $\rho(T)$，表示温度为 T 的辐射场单位体积的辐射能量（单位：$\mathrm{J \cdot m^{-3}}$），它与谱能量密度 $\rho(\nu, T)$（单位：$\mathrm{J \cdot m^{-3} \cdot Hz^{-1}}$）之间的关系为

$$\rho(T) = \int_0^\infty \rho(\nu, T) \mathrm{d}\nu \tag{1.1}$$

(2) 辐照度 E，表示单位时间内照射在物体单位表面积上的辐射能量（单位：$\mathrm{W \cdot m^{-2}}$），E 与其谱辐照度 $E(\nu, T)$（单位：$\mathrm{W \cdot m^{-2} \cdot Hz^{-1}}$）之间的关系为

$$E(T) = \int E(\nu, T) \mathrm{d}\nu \tag{1.2}$$

(3) 辐射本领 $R(T)$（辐射出射度），表示温度为 T 的辐射体，从单位表面积单位时间向外发出的辐射能量，辐射本领 $R(T)$ 和单色辐出度 $R(\nu, T)$（单位：$\mathrm{W \cdot m^{-2} \cdot Hz^{-1}}$）之间的关系为

$$R(T) = \int_0^\infty R(\nu, T) \mathrm{d}\nu = \int_0^\infty R(\lambda, T) \mathrm{d}\lambda \tag{1.3}$$

将关系式 $c = \lambda\nu$ 求导，得 $\mathrm{d}\nu = -\frac{c}{\lambda^2}\mathrm{d}\lambda$，代入(1.3)式，得到 $R(\lambda, T) = \frac{c}{\lambda^2}R(\nu, T)$。

(4) 吸收本领 $\alpha(\nu, T)$，指在频率 ν 附近，单位频率间隔内单位时间被物体吸收的辐射能量与照射在该物体上的辐射能量之比，是频率 ν 和温度 T 的函数，为无量纲的量，显然 $0 \leqslant \alpha(\nu, T) \leqslant 1$。

1859 年 G. Kirchhoff 总结出了一个普遍的规律[1]，即任何物体在同一温度 T 下单色辐出度 $R(\nu, T)$ 和吸收本领 $\alpha(\nu, T)$ 成正比，这个比值只和频率 ν、温度 T 有关，与物质本身的性质无关，是个普适函数，即

$$\frac{R(\nu, T)}{\alpha(\nu, T)} = F(\nu, T) \tag{1.4}$$

一个显然的推论是，某温度下物体吸收某一频率范围内的热辐射本领越大，同一温度下发射这一频率范围的热辐射本领也越大。

为了证明 Kirchhoff 定律，我们先找到谱辐照度和谱能量密度的关系，如图 1.1 所示。设谱辐照度为 $E(\nu, T)$，谱能量密度为 $\rho(\nu, T)$，单位立体角内的谱能量密度为 $\rho(\nu, T)/(4\pi)$，c 为光速，则面积 $\mathrm{d}S$ 在时间 $\mathrm{d}t$ 内的辐照能量为

$$\begin{aligned} E(\nu, T)\mathrm{d}\nu \cdot \mathrm{d}t \cdot \mathrm{d}S &= \int \frac{\rho(\nu, T)}{4\pi} \mathrm{d}\Omega \mathrm{d}\nu \cdot c\mathrm{d}t\cos\theta \cdot \mathrm{d}S \\ &= \int \frac{c\rho(\nu, T)}{4\pi} \sin\theta\cos\theta \mathrm{d}\theta \mathrm{d}\varphi \mathrm{d}\nu \cdot \mathrm{d}t \cdot \mathrm{d}S \end{aligned}$$

$$= \frac{c\rho(\nu,T)}{4\pi}\mathrm{d}\nu \cdot \mathrm{d}t \cdot \mathrm{d}S\int_0^{\pi/2}\sin\theta\cos\theta\mathrm{d}\theta\int_0^{2\pi}\mathrm{d}\varphi$$

$$= \frac{c\rho(\nu,T)}{4}\mathrm{d}\nu \cdot \mathrm{d}t \cdot \mathrm{d}S$$

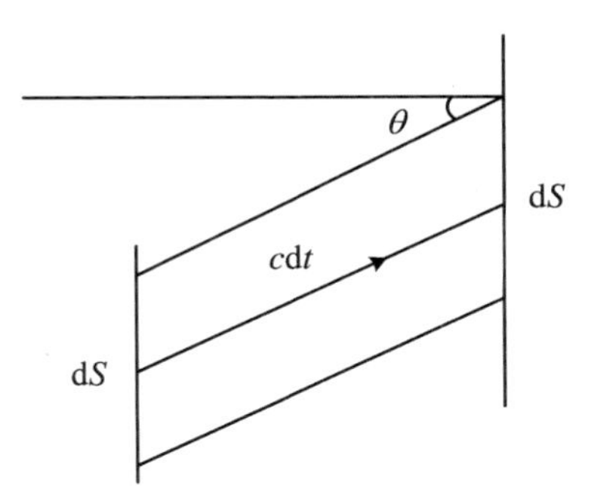

图 1.1 辐照度和能量密度

于是得到

$$E(\nu,T) = \frac{c\rho(\nu,T)}{4} \tag{1.5}$$

Kirchhoff 定律可通过如图 1.2 所示的理想实验从热力学原理导出。设想在器壁为理想反射体的密封容器 C 内放置若干物体 $A_1, A_2, \cdots, A_n$，将容器内部抽成真空，从而各物体间只能通过热辐射交换能量。物体 $A_1, A_2, \cdots, A_n$ 和辐射场组成一个体系，由热力学原理知，这个体系总能量守恒，且经过内部热交换，最后各物体一定趋于同一温度 T，达到热力学平衡态。平衡态下辐射场均匀、恒定、各向同性，显然其谱能量密度 $\rho(\nu,T)$在各处具有相同的函数形式和数值，由 ν, T 唯一地决定，不可能因与之平衡的物质材料而异，否则辐射场不可能与不同质量的物体共处于热平衡状态。$\rho(\nu,T)$是一个与物质无关的普适函数。

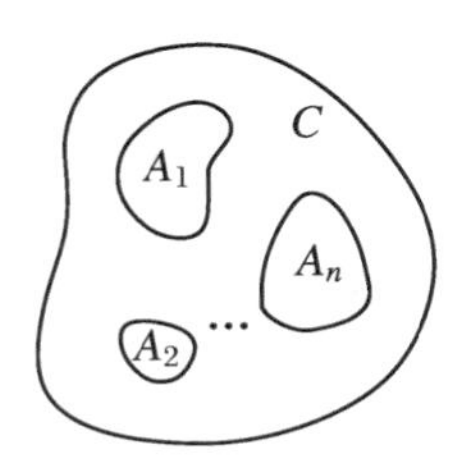

图 1.2 Kirchhoff 定律的推导

物体与辐射场之间的能量交换：平衡态下从每个物体单位面积发出的能量 $R(\nu,T)$ 和吸收的能量 $\alpha(\nu,T)E(\nu,T)$ 相等，即

$$\begin{cases} R_1(\nu,T) = \alpha_1(\nu,T)E_1(\nu,T) \\ R_2(\nu,T) = \alpha_2(\nu,T)E_2(\nu,T) \\ \cdots \end{cases} \tag{1.6}$$

注意到(1.5)式，我们有

$$E_1(\nu,T) = E_2(\nu,T) = \cdots = \frac{c}{4}\rho(\nu,T)$$

结合(1.6)式就有 Kirchhoff 定律，即

$$\frac{R_1(\nu,T)}{\alpha_1(\nu,T)} = \frac{R_2(\nu,T)}{\alpha_2(\nu,T)} = \cdots = \frac{c}{4}\rho(\nu,T) \equiv F(\nu,T) \tag{1.7}$$

由上式得到 Kirchhoff 定律(1.4)式的普适常数为 $F(\nu,T)=\frac{c}{4}\rho(\nu,T)$。

1.2 黑体辐射

所谓黑体，就是对什么光都吸收而无反射也无透射的物体。黑体是不存在的，就像质点、刚体、电偶极子等物理概念一样是一个理想化的物理模型。物理上可以用如图 1.3 所示的装置来模拟黑体，即将用耐火材料做成的物体内部挖空一部分，

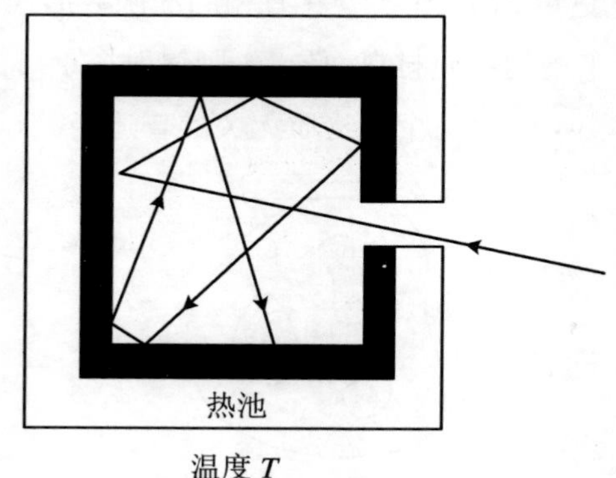

图 1.3　绝对黑体的模型

并且在物体的一个面上开一个非常小的孔，光线射进小孔后，在空腔内壁经过多次吸收和反射，几乎完全被吸收掉，再跑出小孔的概率特别小，因此可以把空腔的小孔视为黑体的表面。对黑体而言有 $\alpha(\nu,T)=1$，由 Kirchhoff 定律得黑体的单色辐射本领为

$$R_0(\nu,T) = \frac{c}{4}\rho_0(\nu,T) \tag{1.8}$$

(1.8)式意味着黑体的单色辐射本领 $R_0(\nu,T)$ 等于 Kirchhoff 定律中的普适常数，因此黑体辐射的研究对于任何物体的热辐射规律都具有重大的意义，其物理价值是不言而喻的。

由于19世纪工业的发展，特别是冶金行业的需要，人们越来越重视对热辐射和黑体辐射的研究。1881年 P. Langley 发明热辐射计，1886年他能很灵敏地测量热辐射能量的分布，19世纪末物理学家 H. Rubens、E. Pringsheim、O. Lummer 和 F. Kurlbaurn 等已对黑体辐射做出了相当精确的测定。图1.4是黑体辐射的实验结果[2]，从结果知黑体辐射有两个实验定律，它们是 Stefan-Boltzmann 定律和 Wien 位移定律。由宇宙大爆炸理论知道，宇宙大爆炸的遗迹即宇宙微波背景的辐射谱也是黑体辐射谱，对应的温度为 2.7 K。

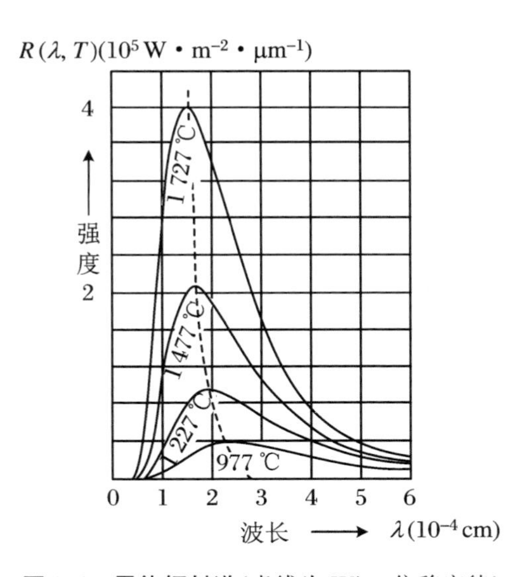

图1.4　黑体辐射谱（虚线为 Wien 位移定律）

1. Stefan-Boltzmann 定律

1879年由 J. Stefan 发现，1884年 Boltzmann 从热力学上证明的 Stefan-

Boltzmann 定律告诉我们,黑体辐射本领为[3,4]

$$R_0(T) = \int_0^\infty R_0(\lambda, T)\mathrm{d}\lambda = \sigma T^4 \tag{1.9}$$

其中 $\sigma = 5.670\,51 \times 10^{-8}\ \mathrm{W \cdot m^{-2} \cdot K^{-4}}$ 为 Stefan-Boltzmann 常数。

Boltzmann 的论证如下:为了不至于混淆,设黑体辐射能量密度为

$$u_0(T) = \rho_0(T) = \int_0^\infty \rho_0(\nu, T)\mathrm{d}\nu$$

由电磁学理论证明黑体辐射的电磁波辐射压强 $p = u_0(T)/3$。事实上,电磁场的应力张量是

$$\begin{cases} p_{xx} = \dfrac{1}{2}(E_x^2 - E_y^2 - E_z^2) + \dfrac{1}{2}(H_x^2 - H_y^2 - H_z^2) \\ p_{xy} = (E_x E_y + H_x H_y) \end{cases} \tag{1.10}$$

其他 $p_{yy}, p_{zz}, p_{yz}, p_{zx}$ 的表达式可在(1.10)式中对 x, y, z 进行相应替代而得。对于一个各向同性的辐射场,电场强度的平均值满足

$$\begin{cases} \overline{E_x^2} = \overline{E_y^2} = \overline{E_z^2} = \overline{E^2}/3 \\ \overline{E_x E_y} = \overline{E_y E_z} = \overline{E_z E_x} = 0 \end{cases} \tag{1.11}$$

同理,磁场强度的平均值满足

$$\begin{cases} \overline{H_x^2} = \overline{H_y^2} = \overline{H_z^2} = \overline{H^2}/3 \\ \overline{H_x H_y} = \overline{H_y H_z} = \overline{H_z H_x} = 0 \end{cases} \tag{1.12}$$

因此辐射压为

$$p = -\overline{p_{xx}} = -\overline{p_{yy}} = -\overline{p_{zz}} = \frac{1}{3}\frac{(\overline{E^2} + \overline{H^2})}{2} = \frac{u_0(T)}{3} \tag{1.13}$$

将辐射压 $p = u_0(T)/3$ 代入热力学的内能方程,得

$$\left(\frac{\partial U}{\partial V}\right)_T = T\left(\frac{\partial p}{\partial T}\right)_V - p \tag{1.14}$$

注意到 $\left(\dfrac{\partial U}{\partial V}\right)_T = u_0$,则有

$$u_0 = \frac{1}{3}T\frac{\mathrm{d}u_0}{\mathrm{d}T} - \frac{1}{3}u_0 \tag{1.15}$$

将(1.15)式积分,得 $u_0 = \rho_0(T) = \sigma' T^4$,即 $R_0(T) = \sigma T^4$。

2. Wien 位移定律

1893 年 Wien 注意到黑体辐射谱峰值波长 λ_m 和温度 T 之间的关系,发现两

者的乘积为一常数[5]，即 Wien 位移定律

$$\lambda_m T = b = 2.897\,756 \times 10^{-3}\ \mathrm{m \cdot K} \tag{1.16}$$

由于黑体辐射谱的单色辐出度仅与 λ，T 有关，与腔的大小、形状和腔壁无关，这意味着 Wien 位移定律的常数 b 为一普适常数。因为高温不容易直接测量，而借助于 Wien 位移定律可以方便地估算出高温物体的温度，故只要通过它发出的谱线峰值波长就能估算出来。如太阳光谱的峰值波长为 0.47 μm，得知太阳表面温度为 6 166 K，太阳表面实际温度为 5 770 K。

Wien 和 Rayleigh-Jeans 对黑体辐射规律的研究（都期望得到黑体辐射谱的解析表达式）是两个重要的突破，最终形式的 Planck 黑体辐射公式就是在他们工作的基础上建立起来的。Planck 公式的量子论解释是物理学中的一个重大发现，Planck 也是被公认的量子论的先驱。下面将叙述 Wien、Rayleigh-Jeans 及 Planck 工作的主要内容。

1.3　Wien 定律

1893 年 Wien 利用热力学和电磁学理论证明了黑体辐射的单色辐出度具有如下关系[5]：

$$R_0(\lambda, T) = \frac{c^5}{\lambda^5}\varphi\left(\frac{c}{\lambda T}\right) \quad 或 \quad R_0(\nu, T) = c\nu^3\varphi\left(\frac{\nu}{T}\right) \tag{1.17}$$

(1.17)式即 Wien 定律。(1.17)式的意义在于把两个独立变量 ν 和 T 的二元函数 $R_0(\nu, T)$ 归纳为一个已知的函数 ν^3 和一个宗量为 ν/T 的函数。在函数 $R_0(\nu, T)$ 中，将独立变量改写为 $(\nu, \nu/T)$ 后，与 ν 的关系为 ν^3，这样就把一个寻找两个独立变量的函数 $R_0(\nu, T)$ 的问题归结为寻找函数 $\varphi(\nu/T)$ 了。

下面我们来看看 Wien 定律的导出过程[6]。由于黑体辐射与空腔的材质和形状无关，为不失一般性，我们不妨考察一个管状辐射空腔，如图 1.5 所示，腔内黑体辐射能量密度为 $\rho_0(\nu)$，管子的右端有一反射镜以速度 v 向外移动，设频率为 ν 的辐射以入射角 θ 射向镜面，由纵向 Doppler 效应得反射后频率 $\nu' =$

$\nu\left(\sqrt{\dfrac{c-v\cos\theta}{c+v\cos\theta}}\right)^2\simeq\nu\left(1-\dfrac{2v}{c}\cos\theta\right)$，如果原频率

$$\nu''=\nu\left(1+\frac{2v}{c}\cos\theta\right) \tag{1.18}$$

则反射后频率变为 ν。Δt 秒内立体角 $\Delta\Omega$ 的光线打到镜面的辐射能

$$\Delta E=\frac{\Delta\Omega}{4\pi}\rho_0(\nu'')\mathrm{d}\nu'' c\Delta t\Delta S\cos\theta \tag{1.19}$$

式中 $\mathrm{d}\nu''=\mathrm{d}\nu\left(1+\dfrac{2v}{c}\cos\theta\right)$。

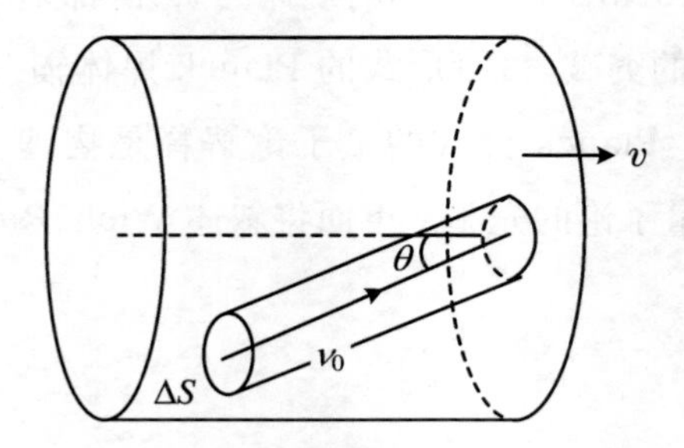

图 1.5　管状辐射空腔

辐射沿轴线向右的动量

$$\Delta p_1=\frac{\Delta\Omega}{4\pi}\frac{\rho_0(\nu'')\mathrm{d}\nu''}{h\nu''}\frac{h\nu''}{c}c\Delta t\Delta S\cos^2\theta=\frac{\Delta\Omega}{4\pi}\rho_0(\nu'')\mathrm{d}\nu''\Delta t\Delta S\cos^2\theta \tag{1.20}$$

辐射被发射后沿轴线向左的动量

$$\Delta p_2=\frac{\Delta\Omega}{4\pi}\rho_0(\nu)\mathrm{d}\nu\Delta t\Delta S\cos^2\theta \tag{1.21}$$

辐射沿轴线向右的力

$$\Delta F=\frac{|\Delta p|}{\Delta t}=\frac{\Delta p_1+\Delta p_2}{\Delta t}=\frac{\Delta\Omega}{4\pi}(\rho_0(\nu'')\mathrm{d}\nu''+\rho_0(\nu)\mathrm{d}\nu)\Delta S\cos^2\theta \tag{1.22}$$

辐射对镜子做正功，辐射场的能量损失

$$\begin{aligned}\Delta_1 E&=v\Delta t\Delta F=\frac{\Delta\Omega}{4\pi}(\rho_0(\nu'')\mathrm{d}\nu''+\rho_0(\nu)\mathrm{d}\nu)\Delta S\cdot v\cdot\Delta t\cos^2\theta\\&=\frac{\Delta\Omega}{4\pi}\frac{\rho_0(\nu'')\mathrm{d}\nu''+\rho_0(\nu)\mathrm{d}\nu}{2}\frac{2v\cos\theta}{c}\Delta S\cdot c\cdot\Delta t\cos\theta\end{aligned} \tag{1.23}$$

由(1.18)式，Doppler 效应造成镜子的反射能量密度较入射前减小量为

$$\rho_0(\nu'')-\rho_0(\nu)=\frac{\partial\rho_0}{\partial\nu}\left(\nu\frac{2v}{c}\cos\theta\right) \tag{1.24}$$

由此得

$$\Delta_1 E = \frac{\Delta\Omega}{4\pi}\left[\frac{\left(\rho_0(\nu) + \frac{\partial\rho_0}{\partial\nu}\left(\nu\frac{2v}{c}\cos\theta\right)\right)\left(d\nu + d\nu\frac{2v}{c}\cos\theta\right) + \rho_0(\nu)d\nu}{2}\frac{2v\cos\theta}{c}\right] \times (\Delta S \cdot c \cdot \Delta t\cos\theta) \tag{1.25}$$

上式运算中略去方括号中 v/c 的二次和二次以上的项后得

$$\Delta_1 E = \frac{\Delta\Omega}{4\pi}\left[\rho_0(\nu)d\nu\frac{2v\cos\theta}{c}\right](\Delta S \cdot c \cdot \Delta t\cos\theta) \tag{1.26}$$

考虑到光被镜面的反射、光压做正功后辐射的能量损失，镜面从辐射获得的能量增量（即辐射的能量减少量）

$$\Delta E = \frac{\Delta\Omega}{4\pi}\left\{\left[\rho_0(\nu) + \frac{\partial\rho_0}{\partial\nu}\left(\nu\frac{2v}{c}\cos\theta\right)\right]\left(d\nu + d\nu\frac{2v}{c}\cos\theta\right) - \rho_0(\nu)d\nu\frac{2v}{c}\cos\theta - \rho_0(\nu)d\nu\right\}\cdot(\Delta S \cdot c \cdot \Delta t\cos\theta)$$

将上式化简为

$$\Delta E = \frac{1}{2\pi}\nu\frac{\partial\rho_0}{\partial\nu}d\nu\Delta S v\Delta t\cos^2\theta\Delta\Omega \tag{1.27}$$

式中忽略了 v/c 的二次项。令 $\Delta V = \Delta S v\Delta t$，$\Delta\Omega = \sin\theta d\theta d\varphi$，如图 1.5 所示，注意积分限的选取，上式对立体角 $\Delta\Omega$ 积分后，镜子获得辐射能量的增量

$$d(\rho_0 V d\nu) = d(\rho_0 V)d\nu = \frac{1}{2\pi}\nu\frac{\partial\rho_0}{\partial\nu}d\nu dV\int_0^{\pi/2}\cos^2\theta\sin\theta d\theta\int_0^{2\pi}d\varphi = \frac{1}{3}\nu\frac{\partial\rho_0}{\partial\nu}d\nu dV \tag{1.28}$$

此方程整理为如下的形式：

$$V\frac{\partial\rho_0}{\partial V} = \frac{1}{3}\nu\frac{\partial\rho_0}{\partial\nu} - \rho_0 \tag{1.29}$$

该方程隐函数形式的解

$$\rho_0(\nu, T) = \nu^3\varphi(\nu^3 V) \tag{1.30}$$

式中 $\varphi(\nu^3 V)$ 为未知函数。

镜子对辐射的压强 $p = u_0/3 = \rho_0(T)/3$，对辐射做负功。以辐射为研究系统，由热力学第一、第二定律 $d(u_0 V) = TdS - pdV$，得

$$TdS = d(u_0 V) + pdV = \frac{4}{3}u_0 dV + Vdu_0 \tag{1.31}$$

将 Stefan-Boltzmann 定律 $u_0 = \sigma' T^4$ 代入(1.31)式,得

$$\mathrm{d}S = \frac{4}{3}\sigma' T^3 \mathrm{d}V + 4\sigma' T^2 V \mathrm{d}T \tag{1.32}$$

此方程式的解

$$S = \frac{4}{3}\sigma' T^3 V + 常数 \tag{1.33}$$

假设管状空腔镜面移动为绝热过程,熵为一常数,即 $T^3 V=$ 常数,将此关系代入(1.30)式消去体积 V,得

$$\rho_0(\nu, T) = \nu^3 \varphi\left(\frac{\nu}{T}\right) \tag{1.34}$$

又 $R_0(\nu, T) = \frac{c}{4}\rho_0(\nu, T)$,知(1.34)式即为 Wien 定律。

由 Wien 定律式可以导出 Stefan-Boltzmann 定律和 Wien 位移定律。由(1.17)式得

$$\begin{aligned} R_0(T) &= \int_0^\infty R_0(\lambda, T)\mathrm{d}\lambda = \int_0^\infty \frac{c^5}{\lambda^5}\varphi\left(\frac{c}{\lambda T}\right)\mathrm{d}\lambda \\ &= -cT^4\int_0^\infty \left(\frac{c}{\lambda T}\right)^3 \varphi\left(\frac{c}{\lambda T}\right)\mathrm{d}\left(\frac{c}{\lambda T}\right) = \sigma T^4 \end{aligned} \tag{1.35}$$

式中 $\sigma = -c\int_0^\infty \left(\frac{c}{\lambda T}\right)^3 \varphi\left(\frac{c}{\lambda T}\right)\mathrm{d}\left(\frac{c}{\lambda T}\right)$,$\sigma$ 系数为未知函数 $\varphi\left(\frac{c}{\lambda T}\right)$ 的积分,无法算出 σ 的数值,但原则上是存在的,实验也能测出它,即 Stefan-Boltzmann 常数。将 $R_0(\lambda, T)$ 对 λ 微分,并令其等于 0,得

$$\left.\frac{\mathrm{d}R_0(\lambda, T)}{\mathrm{d}\lambda}\right|_{\lambda=\lambda_\mathrm{m}} = 0 \quad \Rightarrow \quad -5\varphi\left(\frac{c}{\lambda_\mathrm{m} T}\right) + \lambda_\mathrm{m} T \frac{\mathrm{d}\varphi\left(\frac{c}{\lambda_\mathrm{m} T}\right)}{\mathrm{d}(\lambda_\mathrm{m} T)} = 0 \tag{1.36}$$

令 $\lambda_\mathrm{m} T \equiv b$,方程变为 $-5\varphi(b) + b\frac{\mathrm{d}\varphi(b)}{\mathrm{d}b} = 0$,原则上由此方程解出 b 即得 Wien 位移定律。由于 $\varphi\left(\frac{c}{\lambda T}\right)$ 是未知的,因此无法从(1.36)式推出 Wien 位移定律中常数 b 的值。为拟合黑体辐射的实验数据,1896 年 Wien 假设辐射场波长 λ 和单色辐出度 $R_0(\lambda, T)$ 只是分子速率 v 的函数,反过来 v^2 也是 λ 的函数。Maxwell 速率分布律为

$$\mathrm{d}N/N \propto v^2 \mathrm{e}^{-v^2/(aT)}\mathrm{d}v$$

对给定气体,式中 a 为常数。Wien 推测单色辐出度

$$R_0(\lambda, T) = g(\lambda)\mathrm{e}^{-\frac{f(\lambda)}{T}}$$

式中 $g(\lambda)$，$f(\lambda)$ 为未知函数。比较(1.17)式，得到 Wien 公式[7]为

$$R_0(\nu, T) = c_1\nu^3\mathrm{e}^{-\frac{c_2\nu}{T}} \quad 或 \quad R_0(\lambda, T) = c_1'\lambda^{-5}\mathrm{e}^{-\frac{c_2'}{\lambda T}} \tag{1.37}$$

这个结果只在高频部分和实验相符，而在低频部分和实验不符。

1.4　Rayleigh-Jeans 公式

另一个较为成功的公式是基于经典电动力学和统计力学导出的 Rayleigh-Jeans 公式[8]。如图 1.6 所示，Rayleigh-Jeans 公式适用于低频部分的黑体辐射实验。为了简述它们的导出过程，我们先来导出空腔中单位体积内频率在 $(\nu, \nu + \mathrm{d}\nu)$ 间隔内电磁波的振动模式数目。Kirchhoff 定律表明，黑体辐射的谱能量密度与辐射空腔的性质、形状无关。为不失一般性，选择空腔的形状为一长度为 L 的立方体。

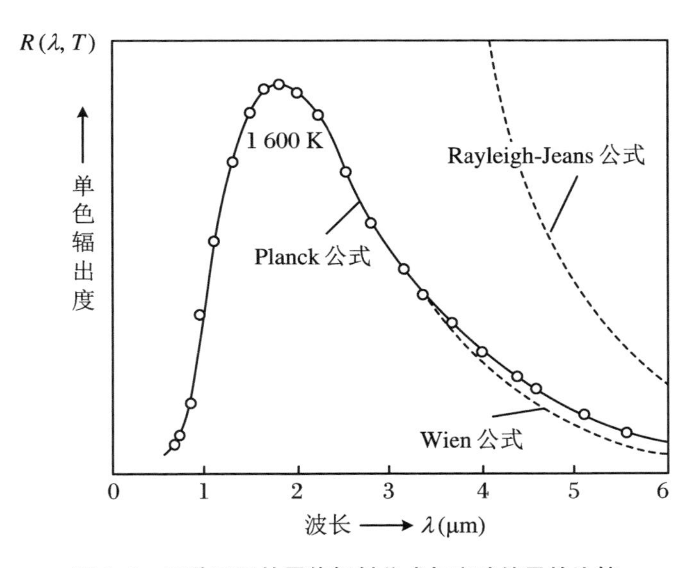

图 1.6　三种不同的黑体辐射公式与实验结果的比较

引入电磁场的矢势 $\boldsymbol{A}$，选择适当的规范，$\boldsymbol{E} = -\dfrac{1}{c}\dfrac{\partial \boldsymbol{A}}{\partial t}$，$\boldsymbol{H} = \nabla \times \boldsymbol{A}$，Maxwell 方程可用矢势表示，即

$$\nabla^2 \boldsymbol{A} - \frac{1}{c^2}\frac{\partial^2 \boldsymbol{A}}{\partial t^2} = 0 \tag{1.38}$$

用 ψ 表示 $\boldsymbol{A}$ 的任意分量，则 ψ 满足同样的方程

$$\nabla^2 \psi - \frac{1}{c^2}\frac{\partial^2 \psi}{\partial t^2} = 0 \tag{1.39}$$

方程的解的形式为

$$\psi(\boldsymbol{r},t) = \mathrm{e}^{-\mathrm{i}\omega t}\mathrm{e}^{\mathrm{i}\boldsymbol{k}\cdot\boldsymbol{r}} \tag{1.40}$$

ψ 满足周期性边界条件

$$\begin{cases} \psi(x+L,y,z) = \psi(x,y,z) \\ \psi(x,y+L,z) = \psi(x,y,z) \\ \psi(x,y,z+L) = \psi(x,y,z) \end{cases} \tag{1.41}$$

由此我们得到

$$\boldsymbol{k} = \frac{2\pi}{L}(n_1,n_2,n_3) \quad (n_i = 0, \pm 1, \pm 2, \cdots) \tag{1.42}$$

事实上

$$\psi(x+L,y,z) = \mathrm{e}^{\mathrm{i}[k_1(x+L)+k_2 y+k_3 z]} = \mathrm{e}^{\mathrm{i}(k_1 x+k_2 y+k_3 z)} = \psi(x,y,z)$$

$$\Rightarrow \quad \mathrm{e}^{\mathrm{i}k_1 L} = 1 \quad \Rightarrow \quad k_1 L = 2\pi n_1 \quad \Rightarrow \quad k_1 = \frac{2\pi}{L}n_1$$

$$(n_1 = 0, \pm 1, \pm 2, \cdots, k_1, k_2, k_3 \text{ 为波矢 } \boldsymbol{k} \text{ 的三个分量}) \tag{1.43}$$

由此得到

$$k^2 = \left(\frac{2\pi}{L}\right)^2 (n_1^2 + n_2^2 + n_3^2) \tag{1.44}$$

其中 k 为波矢 $\boldsymbol{k}$ 的长度，又由波矢和频率的关系 $k = 2\pi\nu/c$，得

$$\left(\frac{\nu}{c}\right)^2 = \left(\frac{1}{L}\right)^2 (n_1^2 + n_2^2 + n_3^2) \tag{1.45}$$

在 $\boldsymbol{k}$ 空间中，以 $2\pi/L$ 为间隔，将 $\boldsymbol{k}$ 空间分割成许多小立方相格，每个相格的体积为$(2\pi/L)^3$，每个相格代表一个可能的驻波模式。所以在 0 到 k 区间驻波模式的数目等于以 k 为半径的球体包含的相格数 $N(\nu)$，即球体的体积除以相格的体积，

$$N(k) = \frac{\frac{4\pi}{3}\left(\frac{2\pi\nu}{c}\right)^3}{\left(\frac{2\pi}{L}\right)^3} = \frac{L^3 4\pi}{3c^3}\nu^3 \tag{1.46}$$

单位体积频率 ν 附近单位频率区间中的电磁波独立自由度数目即振动模式数目为

$$g(\nu) = \frac{2}{L^3}\frac{\mathrm{d}N(\nu)}{\mathrm{d}\nu} = \frac{8\pi\nu^2}{c^3} \tag{1.47}$$

其中的因子 2 源于电磁波的横波特性，每一个波矢 $\boldsymbol{k}$ 可以有两个不同的彼此独立的偏振方向，每个偏振方向对应着不同的振动。

现在可以导出 Rayleigh-Jeans 公式了，空腔内电磁波和腔壁做简谐振动的原子交换能量达到平衡时满足的条件是

$$\rho_0(\nu,T) = g(\nu)\bar{\varepsilon}(\nu,T) \tag{1.48}$$

平衡条件(1.48)式也可以由电动力学方法导出[9]。谐振子的平均能量 $\bar{\varepsilon}(\nu,T)$ 可通过能量均分定理得到

$$\bar{\varepsilon}(\nu,T) = \frac{\int_0^\infty \varepsilon \mathrm{e}^{-\varepsilon/(k_\mathrm{B}T)}\mathrm{d}\varepsilon}{\int_0^\infty \mathrm{e}^{-\varepsilon/(k_\mathrm{B}T)}\mathrm{d}\varepsilon} = k_\mathrm{B}T \tag{1.49}$$

式中 k_B 为 Boltzmann 常数.将(1.47)、(1.49)式代入到(1.48)式我们可以得到黑体辐射的 Rayleigh-Jeans 公式

$$\rho_0(\nu,T) = g(\nu)\bar{\varepsilon}(\nu,T) = \frac{8\pi}{c^3}k_\mathrm{B}T\nu^2$$

或者写为

$$R_0(\lambda,T) = \frac{c}{\lambda^2}\frac{c}{4}\rho_0(\nu,T) = \frac{2\pi c}{\lambda^4}k_\mathrm{B}T \tag{1.50}$$

如图 1.6 所示，Rayleigh-Jeans 公式仅在低频部分和实验结果符合，在高频部分当 $\lambda\to 0$，$R(\lambda,T)\to\infty$ 时，实验结果却是 $R_0(\lambda,T)\to 0$，这个荒谬的推论在历史上称为紫外灾难。Rayleigh-Jeans 公式和实验的矛盾表明，该公式在推导过程中使用的能量均分定理有问题，事实上求解谐振子平均能量时的积分就表明，Rayleigh-Jeans 默认了能量无限可分的观念。

1.5　Planck 黑体辐射公式

Wien 公式和 Rayleigh-Jeans 公式分别在黑体辐射的高频部分和低频部分成立，显然还需要一个更好的公式在整个频率范围内都成立。谐振子的平均能量的

Wien 表达式为

$$\bar{\varepsilon}(\nu,T)_{\mathrm{W}} = c_1\nu \mathrm{e}^{-\frac{c_2\nu}{T}}$$

而温度满足$\frac{1}{T} = -\frac{1}{c_2\nu}\ln\frac{\bar{\varepsilon}_{\mathrm{W}}}{c_1\nu}$。

1900 年 M. Planck 从热力学的角度发现[10]，谐振子的平均能量的 Wien 表达式对应的熵对平均能量的一阶导数

$$\frac{\partial S}{\partial \bar{\varepsilon}_{\mathrm{W}}} = \frac{1}{T} = -\frac{1}{c_2\nu}\ln\frac{\bar{\varepsilon}_{\mathrm{W}}}{c_1\nu}$$

进一步得二阶导数

$$\frac{\partial^2 S}{\partial \bar{\varepsilon}_{\mathrm{W}}^2} = -\frac{1}{c_2\nu\bar{\varepsilon}_{\mathrm{W}}} \quad 即 \quad \frac{\mathrm{d}^2 S}{\mathrm{d}\bar{\varepsilon}^2} \sim -\frac{1}{\bar{\varepsilon}}$$

而谐振子平均能量的 Rayleigh-Jeans 表达式为 $\bar{\varepsilon}(\nu,T)_{\mathrm{RJ}} = k_{\mathrm{B}}T$，得到

$$\frac{1}{T} = \frac{k_{\mathrm{B}}}{\bar{\varepsilon}_{\mathrm{RJ}}}$$

熵对平均能量的一阶导数

$$\frac{\partial S}{\partial \bar{\varepsilon}_{\mathrm{RJ}}} = \frac{1}{T} = \frac{k_{\mathrm{B}}}{\bar{\varepsilon}_{\mathrm{RJ}}}$$

熵对平均能量的二阶导数

$$\frac{\partial^2 S}{\partial \bar{\varepsilon}_{\mathrm{RJ}}^2} = -\frac{k_{\mathrm{B}}}{\bar{\varepsilon}_{\mathrm{RJ}}^2} \quad 即 \quad \frac{\mathrm{d}^2 S}{\mathrm{d}\bar{\varepsilon}^2} \sim -\frac{1}{\bar{\varepsilon}^2}$$

既然黑体辐射的 Wien 公式和 Rayleigh-Jeans 公式分别在高频和低频部分成立，Planck 想到用内插法把 Wien 公式和 Rayleigh-Jeans 公式综合起来导出的公式可能在整个频率范围内都成立。于是 Planck 把熵 S 对谐振子平均能量的二阶导数写为如下形式：

$$\frac{\mathrm{d}^2 S}{\mathrm{d}\bar{\varepsilon}^2} = -\frac{\alpha}{\bar{\varepsilon}(\beta+\bar{\varepsilon})} \tag{1.51}$$

注意到关系式$\frac{\mathrm{d}S}{\mathrm{d}\varepsilon} = \frac{1}{T}$，对(1.51)式积分，得 $\bar{\varepsilon} = \frac{\beta}{\mathrm{e}^{\beta/(\alpha T)}-1}$，再根据(1.47)式和 Wien 公式(1.34)的要求，考虑到腔内电磁波的振动模数 $8\pi\nu^2/c^3$，Planck 得到了一个完整描述黑体辐射谱的公式

$$\rho_0(\nu,T) = \frac{C_2\nu^3}{\mathrm{e}^{C_1\nu/T}-1} \tag{1.52}$$

或者写为

$$\begin{cases} R_0(\nu,T) = \dfrac{C_2\nu^3}{e^{C_1\nu/T}-1} \\ R_0(\lambda,T) = \dfrac{c}{\lambda^2}R_0(\nu,T) = \dfrac{C_2\lambda^{-5}}{e^{C_1/\lambda T}-1} \end{cases} \tag{1.53}$$

Planck 黑体辐射公式(1.53)包含了两个常数 C_1,C_2,不再使用参数 α,β。由内插 Wien 公式(1.37)和 Rayleigh-Jeans 公式(1.50),Planck 得到黑体辐射公式能和当时最精确的黑体辐射实验结果相符合。

1.6　Planck 量子论

由于 Planck 内插得到的黑体辐射公式(1.53)很准确地描述了黑体辐射的规律,Planck 决心不惜一切代价找到一个物理解释。经过两个月的奋斗他终于给出了一个同经典概念严重背离的物理解释[11]。Planck 的物理解释是黑体空腔器壁上的原子谐振子的能量是量子化的,而且谐振子与腔内电磁波的能量交换也是量子化的。下面就来看看 Planck 是如何基于谐振子即腔壁原子的电偶极振子的能量量子化假说导出他的黑体辐射公式的。

将能量 E 划分为 P 个相等的能量单元 ε_0,于是有

$$E = P\varepsilon_0 \tag{1.54}$$

这些能量单位 ε_0 可以按不同的比例分配给 N 个谐振子,由于这些能量单元 ε_0 都是不可区分的,因此分配方案有所讲究。为了搞清楚这种分配方案,我们以 $P=10$ 个能量单元 ε_0 分配到 $N=5$ 个谐振子上为例,如图 1.7 所示,探讨总共有多少种分配方案。

图 1.7　10 个不可区分能量单元分配到 5 个谐振子的分配方案

图 1.7 中的小黑点代表一个能量单元 ε_0,两个实竖线间隔代表一个谐振子,实

线可以有不同的排列，虚线竖线代表边界固定。显然小黑点和实线共有的排列数为[10＋(5－1)]!，由于能量单元不可区分，小黑点的任意排列数10!不会带来能量分配的任何变化，同样实竖线的任何排列(5－1)!也不会带来能量分配的任何变化。因此10个能量单元 ε_0 分配到5个谐振子的分配方案共有 $\frac{[10+(5-1)]!}{10!\,(5-1)!}$ 种，推而广之，P 个能量单元分配到 N 个谐振子的分配方案共有

$$\Omega = \frac{(P+N-1)!}{P!(N-1)!} \tag{1.55}$$

种，显然由于 $P\gg1$，$N\gg1$ 可以采用 Stirling 近似公式 $N! = N^N$，(1.55)式化为

$$\Omega = \frac{(P+N)^{P+N}}{P^P N^N} \tag{1.56}$$

分配方案数 Ω 和 N 个谐振子的 Boltzmann 熵 S_N 之间的关系为

$$S_N = k_B \ln \Omega$$

将(1.56)式代入上式得到

$$\begin{aligned} S_N &= k_B[(P+N)\ln(P+N) - P\ln P - N\ln N] \\ &= Nk\left[\left(1+\frac{P}{N}\right)\ln\left(1+\frac{P}{N}\right) - \frac{P}{N}\ln\frac{P}{N}\right] \end{aligned} \tag{1.57}$$

总能量 $E = P\varepsilon_0$ 分配给 N 个谐振子，每个谐振子的平均能量 $\bar{\varepsilon} = \frac{E}{N} = \frac{P\varepsilon_0}{N}$。

将谐振子平均能量代入(1.57)式得到 N 个谐振子的熵

$$S_N = Nk_B\left[\left(1+\frac{\bar{\varepsilon}}{\varepsilon_0}\right)\ln\left(1+\frac{\bar{\varepsilon}}{\varepsilon_0}\right) - \frac{\bar{\varepsilon}}{\varepsilon_0}\ln\frac{\bar{\varepsilon}}{\varepsilon_0}\right] \tag{1.58}$$

我们又知道 N 个谐振子的熵是单个谐振子熵的 N 倍，即 $S_N = NS$，于是单个谐振子的熵

$$S = k_B\left[\left(1+\frac{\bar{\varepsilon}}{\varepsilon_0}\right)\ln\left(1+\frac{\bar{\varepsilon}}{\varepsilon_0}\right) - \frac{\bar{\varepsilon}}{\varepsilon_0}\ln\frac{\bar{\varepsilon}}{\varepsilon_0}\right] \tag{1.59}$$

由热力学公式 $\frac{1}{T} = \frac{dS}{d\varepsilon}$，将(1.59)式对 $\bar{\varepsilon}$ 微分，得

$$\frac{1}{T} = \frac{k_B}{\varepsilon_0}\left[\ln\left(1+\frac{\bar{\varepsilon}}{\varepsilon_0}\right) - \ln\frac{\bar{\varepsilon}}{\varepsilon_0}\right]$$

由上式我们得到谐振子的平均能量

$$\bar{\varepsilon} = \frac{\varepsilon_0}{e^{\varepsilon_0/(k_B T)} - 1} \tag{1.60}$$

将平均能量(1.60)式代入(1.48)式,注意到(1.47)式和(1.8)式,得黑体辐射本领

$$R_0(\nu,T) = \frac{2\pi\nu^2}{c^2}\frac{\varepsilon_0}{e^{\varepsilon_0/(k_B T)}-1} \tag{1.61}$$

考虑到 Wien 定律的要求,谐振子的能量单元必然正比于辐射场的频率,令 $\varepsilon_0 = h\nu$,我们便得到 Planck 的黑体辐射公式

$$R_0(\nu,T) = \frac{2\pi h\nu^3}{c^2}\frac{1}{e^{h\nu/(k_B T)}-1}$$

或者

$$R_0(\lambda,T) = \frac{2\pi hc^2}{\lambda^5}\frac{1}{e^{hc/(k_B\lambda T)}-1} \tag{1.62}$$

由(1.62)式得

$$\rho_0(\nu,T) = \frac{8\pi h\nu^3}{c^3}\frac{1}{e^{\frac{h\nu}{k_B T}}-1}$$

对比(1.52)式,可得

$$C_2 = 8\pi h/c^3,\quad C_1 = h/k_B$$

Planck 黑体辐射公式中包含了 Boltzmann 常数 k_B 和一个新的常数 h,Planck 用黑体辐射公式(1.62)去拟合当时最精确的黑体辐射谱的实验结果得到 $h=6.55\times10^{-34}\ \mathrm{J\cdot s}$,比现代值低1%,同时还给出了 Boltzmann 常数 $k_B=1.346\times10^{-23}\ \mathrm{J\cdot K^{-1}}$,比现代值低2.5%,而这个新的常数 h 也被称为 Planck 常数。

Planck 黑体辐射公式综合了 Wien 公式和 Rayleigh-Jeans 公式,因此用 Planck 公式导出 Stefan-Boltzmann 定律和 Wien 位移定律是自然的,下面我们做一个简短的叙述。

记 $c_1=2\pi hc^2$,$x=\frac{hc}{\lambda k_B T}$,$\mathrm{d}x=-\frac{k_B T}{hc}x^2\mathrm{d}\lambda$,Planck 公式为

$$R_0(\lambda,T) = \frac{c_1 k_B^5 T^5}{h^5 c^5}\frac{x^5}{e^x-1} \tag{1.63}$$

由此得到黑体的辐射本领

$$\begin{aligned} R_0(T) = \int_0^\infty R_0(\lambda,T)\mathrm{d}\lambda &= \frac{c_1 k_B^4 T^4}{h^4 c^4}\int_0^\infty \frac{x^3}{e^x-1}\mathrm{d}x \\ &= 6.494\,\frac{c_1 k_B^4 T^4}{h^4 c^4} = \sigma T^4 \end{aligned} \tag{1.64}$$

其中 $\sigma=5.67\times10^{-8}\ \mathrm{W\cdot m^{-2}\cdot K^{-4}}$,上式即是 Stefan-Boltzmann 定律。

令 Planck 公式两边对波长微分等于零，$\frac{\partial R_0(\lambda,T)}{\partial\lambda}=0$，得

$$5e^{-x}+x-5=0 \quad\Rightarrow\quad x=5(1-e^{-x}) \quad\Rightarrow\quad x=4.965 \tag{1.65}$$

于是得到 Wien 位移定律

$$\lambda_m T=\frac{hc}{k_B x}=2.897\,756\times10^{-3}\ \mathrm{m\cdot K} \tag{1.66}$$

从 Wien 定律、Rayleigh-Jeans 公式再到 Planck 公式的建立过程来看，热力学统计物理在其中起到了工具性的作用，而 Planck 的量子论的阐述过程中，Boltzmann 熵的概念更是用到极致。黑体辐射定律的建立和热力学统计物理的紧密关联，似乎也在情理之中，因为黑体辐射本身就是热辐射的一个特殊情况。Planck 的成功除了得益于他深厚的热力学统计物理的根底、敏锐的头脑之外，还得益于他十分注意最新实验的发展，1900 年在 Rubens 和 Kurlbaurn 实验发现黑体辐射低频段与 Wien 公式明显偏离后，Planck 不得不修正他当时已取得的结果。Planck 量子论假说具有划时代的意义，能量单元的存在打破了能量连续变化的经典观念，但 Planck 本人和他同时代的学者都没有充分的认识和理解。Planck 量子论提出后的 5 年，他的工作几乎无人问津，直到 1905 年 Einstein 发展了量子论，提出光量子概念并成功解释光电效应以后，人们才逐渐认识到 Planck 量子论的巨大价值。

参考文献

[1] Kirchhoff G. Über das verhältnis zwischen dem emissionsvermögen und dem absorptionsvermögen. der körper für wärme und licht[J]. Annalen der Physik und Chemie, 1860, 109: 275-301.

[2] Lummer O, Pringsheim E. Die vertheilung der energie im spectrum des schwarzen Körpers [J]. Verhandlungen der Deutschen Physikalischen Gessellschaft(Leizig), 1899, 1: 23-41.

[3] Stefan J. Über die beziehung zwischen der wärmestrahlung und der temperatur[J]. Sitzungsberichte der mathematisch-naturwissenschaftlichen Classe der kaiserlichen Akademie der Wissenschaften, Vienna, 1879, 79: 391-428.

[4] Boltzmann L. Ableitung des stefan'schen gesetzes, betreffend die abhängigkeit der wärmestrahlung von der temperatur aus der electromagnetischen lichttheorie[J]. Annalen der Physik und Chemie, 1884, 258: 291-294.

[5] Wien W. Eine neue beziehung der strahlung schwarzer körper zum zweiten hauptsatz der

wärmetheorie[J]. Sitzungberichte der Königlich-Preußischen Akademie der Wissenschaften (Berlin), 1893, 1: 55-62.

[6] Lee J, Sears F, Turcotte D. Statistical thermodynamics[M]. Boston: Addison-Wesley Publishing Co. Inc, 1963.

[7] Wien W. Ueber die energievertheilung im emissionsspectrum eines schwarzen Körpers[J]. Annalen der Physik, 1896, 294: 662-669.

[8] Rayleigh F. Remarks upon the law of complete radiation[J]. The London, Edinburgh and Dublin Philosophical Magazine and Journal of Science, 1900, 49: 539-540.

[9] Planck M. Vereinfachte ableitung der schwingungsgesetze eines linearen resonators in stationären felde[J]. Physikalische Zeitschrift, 1901, 2: 530-534.

[10] ter Haar D. The old quantum theory[M]. Oxford: Pergamon Press, 1967.

[11] Planck M. On the law of distribution of energy in the normal spectrum[J]. Ann. Physik., 1901, 4: 553-558.

第 2 章　Einstein 光量子

Einstein 在 1905 年的一篇题为《关于光的产生和转化的一个启发性观点》的文章中提出，光量子是近代物理发展中一个十分重要的概念[1]，一束单色光可视为一束具有一定能量的光量子流，光量子能量、动量和频率、波长之间有两个主要关系式 $E = h\nu$ 和 $p = h/\lambda$。借用光量子的概念，Einstein 轻而易举地解释了当时难以理解的光致发光的斯托克斯（Stokes）定律、光电效应实验定律[2]和紫外光使气体电离的实验定律[3]。光量子概念也启发了 de Broglie 提出微观粒子具有波动性的想法[4]，更进一步，Schrödinger 在 de Broglie 物质波的基础上创立了量子力学的第二种形式——波动力学[5-8]。

2.1　光量子的导出

经典 Maxwell 电磁理论表明对一切电磁现象，当然也包括光，应当把能量看作连续的空间函数，例如，一个点源发射出来的光束的能量在一个不断增大的体积中连续的分布。用连续空间函数计算的光的波动理论在描述纯粹光学现象时十分成功，如光的衍射、反射、折射和色散等。一个有质量的物体的能量，应当用它的原子所带能量的总和表示，一个有质量的物体的能量不可能分成任意多、任意小的部分。因此可以设想当人们把连续空间函数计算的光的理论应用到光的产生和转化的现象时，会导致和实验相矛盾的结果。

例如，黑体辐射中把光的能量看成是连续空间分布时会产生矛盾。Planck 导出了黑体辐射中的电磁波和黑体空腔器壁上的原子谐振子交换能量的动态平衡条件[9]：

$$\rho(\nu,T) = g(\nu)\bar{\varepsilon}(\nu,T) \tag{2.1}$$

式中$\rho(\nu,T)$表示黑体辐射腔内电磁波的谱能量密度，即$\rho(\nu,T)\mathrm{d}\nu$表示频率介于ν和$\nu+\mathrm{d}\nu$之间辐射在单位体积的能量；$g(\nu)$表示单位体积ν附近单位频率间隔内电磁波独立的自由度数目，即振动模式数目$g(\nu)=8\pi\nu^2/c^3$（c为光在真空中的速率）；$\bar{\varepsilon}(\nu,T)$表示温度为T时，空腔器壁上原子谐振子的平均能量，由于原子在器壁上的自由度为2，我们由统计物理中的能量均分定理，得$\bar{\varepsilon}(\nu,T)=k_{\mathrm{B}}T$（$k_{\mathrm{B}}$为Boltzmann常数）。由(2.1)式我们得到一个荒谬的结果：

$$\int_0^\infty \rho(\nu,T)\mathrm{d}\nu = \frac{8\pi k_{\mathrm{B}}T}{c^3}\int_0^\infty \nu^2\mathrm{d}\nu \to \infty$$

Planck拟合黑体辐射数据时提出的谱能量密度表达式为

$$\rho(\nu,T) = \frac{\alpha\nu^3}{\mathrm{e}^{\beta\nu/T}-1} \tag{2.2}$$

(2.2)式即(1.52)式，其中$\alpha = C_2 = \dfrac{8\pi h}{c^3} = 6.1\times10^{-58}$，$\beta = C_1 = \dfrac{h}{k_{\mathrm{B}}} = 4.866\times10^{-11}$。在$T/\nu$很大，即在辐射密度大和波长长的极限下Planck谱能量密度变为$\rho(\nu,T)=\alpha\nu^2T/\beta$，将该式和(2.1)式比较，得$8\pi k_{\mathrm{B}}/c^3=\alpha/\beta$，Planck给出的Boltzmann常数与用其他方法求得的结果一致，$k_{\mathrm{B}}=1.34\times10^{-23}\ \mathrm{J\cdot K^{-1}}$，标准值为$k_{\mathrm{B}}=1.38\times10^{-23}\ \mathrm{J\cdot K^{-1}}$. 由此说明了在电磁波能量密度越大、波长越长的情况下，经典Maxwell电磁理论越适用，反之在波长短、能量密度小的情况下，经典Maxwell电磁理论就完全不适用。

电磁波在黑体辐射腔壁中的变化可视为绝热可逆的过程，可知电磁波在腔中存在一个确定的熵。通过Wien给出的谱能量密度公式，可以求出辐射密度小的单色电磁波熵的表达式。对黑体辐射来说，它的熵应该在给定能量值的情况下取极大值，由于黑体辐射的体积V固定，即当$\delta\int_0^\infty \rho\mathrm{d}\nu = 0$时（能量给定），有

$$\delta\int_0^\infty \varphi(\nu,\rho)\mathrm{d}\nu = 0 \quad （熵取极大值）$$

对于作为ν的函数的$\delta\rho$每一个选择，都能得到

$$\int_0^\infty (\partial\varphi/\partial\rho - \lambda)\delta\rho\mathrm{d}\nu = 0$$

这里λ（Lagrange乘子）同ν无关，由此得到黑体辐射情况下$\partial\varphi/\partial\rho$也同$\nu$无关。

黑体辐射温度增加$\mathrm{d}T$时，黑体辐射的熵增加为

$$\mathrm{d}S = V\mathrm{d}\int_0^\infty \varphi \mathrm{d}\nu = V\int_0^\infty \frac{\partial\varphi}{\partial\rho}\mathrm{d}\rho\mathrm{d}\nu = V\frac{\partial\varphi}{\partial\rho}\int_0^\infty \mathrm{d}\rho\mathrm{d}\nu$$

$$= \frac{\partial\varphi}{\partial\rho}\mathrm{d}\left(V\int_0^\infty \rho\mathrm{d}\nu\right) = \frac{\partial\varphi}{\partial\rho}\mathrm{d}E \tag{2.3}$$

又由热力学第一、二定律，黑体辐射的内能增加来源于外界输入的热量（体积不变，外界不做功），而这过程又是可逆的，所以 $\mathrm{d}S = \frac{1}{T}\mathrm{d}E$，通过比较该式和(2.3)式，我们得到了

$$\frac{\partial\varphi}{\partial\rho} = \frac{1}{T} \tag{2.4}$$

从(2.4)式可以看出，我们可以从谱熵密度 φ 确定黑体辐射定律的谱能量密度 ρ，也能反过来，从黑体辐射的谱能量密度 ρ（初始的 ρ 等于零时，φ 也等于零），来确定黑体辐射的谱熵密度 φ。

辐射密度小、波长短，即 ν/T 很大时，经典 Maxwell 电磁理论失效了，在此极限下由 Planck 给出的谱能量密度(2.2)式得到最先由 Wien 得到的谱能量密度为

$$\rho(\nu, T) = \alpha\nu^3\mathrm{e}^{-\beta\nu/T} \tag{2.5}$$

由(2.5)式，得到 $\frac{1}{T} = -\frac{1}{\beta\nu}\ln\frac{\rho}{\alpha\nu^3}$，将此式代入(2.4)式，两边积分得到

$$\varphi(\nu, \rho) = -\frac{\rho}{\beta\nu}\left(\ln\frac{\rho}{\alpha\nu^3} - 1\right) \tag{2.6}$$

考虑频率介于 ν 和 $\nu+\mathrm{d}\nu$ 之间辐射的熵 S，注意到内能 $E = \rho V\mathrm{d}\nu$，由(2.6)式，可得

$$S = V\varphi(\nu, \rho)\mathrm{d}\nu = -\frac{E}{\beta\nu}\left(\ln\frac{E}{\alpha V\nu^3\mathrm{d}\nu} - 1\right) \tag{2.7}$$

若只研究辐射的熵对体积的依赖关系，设 S_0 表示辐射在体积为 V_0 时的熵，由(2.7)式，得

$$S - S_0 = \frac{E}{\beta\nu}\ln\frac{V}{V_0} \tag{2.8}$$

熵是多粒子体系运动混乱程度（或有序程度）的量度，粒子运动越杂乱，越无规则，活动方式越多，体系的熵就越大，显然平衡态包含的微观状态数目越多，熵就越大，在最概然分布下体系的熵最大。设 n 个原子组成的粒子体系在某宏观平衡态下的微观状态数目为 W，则体系的熵由 Boltzmann 公式给出：

$$S = k_{\mathrm{B}}\ln W \tag{2.9}$$

显然如果 n 个原子在体积为 V_0 的空间运动，平衡态时体系包含的微观状态数为 W_0，体系的熵 $S_0 = k_B \ln W_0$；设体积 V_0 中有一个大小为 V 的分体积，全部 n 个原子都转移到体积 V 中而没有使体系发生其他什么变化，平衡后体系包含的微观状态数为 W，体系的熵变为 $S = k_B \ln W$。很显然 n 个原子从体积 V_0 空间全都转移到分体积 V 中而没有其他变化的概率为 $\frac{W}{W_0} = \left(\frac{V}{V_0}\right)^n$，于是我们得到

$$S - S_0 = k_B \ln \frac{W}{W_0} = k_B \ln \left(\frac{V}{V_0}\right)^n \tag{2.10}$$

将(2.8)式改写为

$$S - S_0 = k_B \ln \left(\frac{V}{V_0}\right)^{\frac{E}{k_B \beta\nu}} \tag{2.11}$$

把(2.11)式和 Boltzmann 原理的一般公式(2.10)进行比较，辐射密度小的频率为 ν，能量为 E 的单色电磁波在热学方面看来就好像由一些互不相关的大小为 $\varepsilon_0 = k_B \beta\nu$ 的能量子组成，即 $E = n\varepsilon_0 = nk_B\beta\nu$。需要说明的是式中的常数 β 即黑体辐射的 Planck 谱能量密度(2.2)式中的 β，采用 Planck 常数 h 后常数 β 表示为 $\beta = h/k_B$，所以每个光量子的能量为 $\varepsilon_0 = h\nu$。

Einstein 文章的第三部分用新提出的光量子概念解释三个已有的实验事实：光致发光的 Stokes 定律、光电效应实验定律和紫外光使气体电离定律。

光致发光的 Stokes 定律告诉我们一种单色光入射到固体或液体后散射光的频率比入射光的频率小。设入射光的频率为 ν，能量为 $h\nu$，由能量守恒知，出射光量子(频率为 ν_1)的能量不大于入射光量子的能量，即 $h\nu \geqslant h\nu_1$，光致发光的 Stokes 定律成立。

光电效应实验定律是大家熟知的，经典 Maxwell 电磁理论难以解释的三点包括：① 存在红限，即当光的频率低于某个值时不发生光电效应；② 光电流截止电压和入射光频率存在线性关系；③ 光电效应发生的时间非常短，在 10^{-9} s 以内。Einstein 认为金属表面的电子吸收入射光光量子后脱离金属表面就会发生光电效应，设入射光的频率为 ν，金属逸出功为 A，由能量守恒得到 Einstein 光电效应方程

$$m_e v_m^2/2 = h\nu - A \tag{2.12}$$

光电子的最大初始动能与截止电压 U 的关系为 $m_e v_m^2/2 = eU$，所以 Einstein 光电效应方程也可写为

$$eU = h\nu - A \tag{2.13}$$

由于电子最大初始动能大于或等于零，由(2.12)式知，光电效应的红限为 A/h。从(2.13)式可以看出截止电压与入射光频率是线性关系。光电子吸收一个光量子立即发生光电效应，不需要时间积累。由光量子概念 Einstein 轻松地解释了光电效应的实验结果。

紫外光使气体电离实验表明一定波长的紫外光可以使气体电离。设入射光频率为 ν，气体原子的电离能为 J，则原子吸收一个大于电离能的光离子就电离了，于是有

$$h\nu \geqslant J \tag{2.14}$$

例如，能使空气电离的光的波长为 190 nm，由此得到气体的电离能接近 10 eV，和实验符合。

当然 Einstein 光量子假设之所以成功，是因为他有一个值得我们学习的可贵品质——科学研究的自信，就是相信自己的直觉和推理过程，坚持自己的正确主张。事实上 Einstein 提出光量子概念后，Planck、Bohr 和 Millikan 等都曾拒绝接受光量子的概念。面对第一流物理学家的怀疑，Einstein 还是相信自己的直觉和推理，坚持自己的正确主张，没有撤回自己的观点。直至 1923 年 Compton 发现了 Compton 效应以后[10]，即 X 射线被石墨等物质散射后散射光除了有与原来入射光频率相同的成分，还包括比入射光频率低的成分，光量子的概念才得到普遍承认。

2.2 电磁场量子化

Einstein 光量子为 Dirac 电磁场量子化提供了概念基础[11]，其本质就是量子化的电磁场，我们以光学腔中的沿 x 方向偏振的电磁场为例，来看看如何将电磁场量子化后给出光子的概念[12]。设 $\boldsymbol{E}$，$\boldsymbol{H}$ 分别为电场强度和磁场强度，$\boldsymbol{D}$，$\boldsymbol{B}$ 为电位移矢量和磁感应强度，则真空中的 Maxwell 方程组为

$$\begin{cases}\nabla \times \boldsymbol{H} = \partial \boldsymbol{D}/\partial t \\ \nabla \times \boldsymbol{E} = -\partial \boldsymbol{B}/\partial t \\ \nabla \cdot \boldsymbol{B} = 0 \\ \nabla \cdot \boldsymbol{D} = 0\end{cases} \tag{2.15}$$

物质的本构关系为 $\boldsymbol{B}=\mu_0\boldsymbol{H}$，$\boldsymbol{D}=\varepsilon_0\boldsymbol{E}$，其中，$\varepsilon_0$，$\mu_0$ 为真空的介电常数和真空磁导率，光速 $\mu_0\varepsilon_0=c^{-2}$。由$\nabla\times(\nabla\times\boldsymbol{E})=\nabla(\nabla\cdot\boldsymbol{E})-\nabla^2\boldsymbol{E}$ 和 Maxwell 方程组，得到

$$\nabla^2\boldsymbol{E}-\frac{1}{c^2}\frac{\partial^2\boldsymbol{E}}{\partial t^2}=0 \tag{2.16}$$

(2.16)式为典型的波动方程，波速为 c，由此 Maxwell 预言光是电磁波，因为两者的速度相同。

如图 2.1 所示，有一列电场矢量沿 x 方向的极化电磁波在光学腔中，腔长为 L，可以将电场展开为

$$E_x(z,t)=\sum_j A_j q_j(t)\sin(k_j z) \tag{2.17}$$

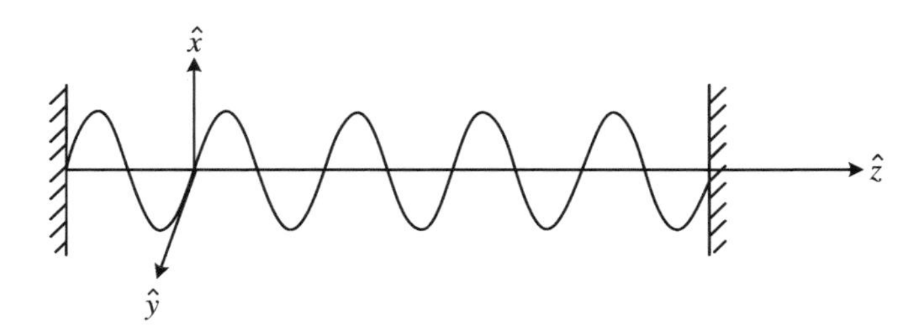

图 2.1　电场矢量沿 x 方向的极化电磁波在一个光学腔中

式中 q_j 为长度量纲的振幅，$k_j=j\pi/L(j=1,2,3,\cdots)$，$A_j=(2\nu_j^2 m_j/(V\varepsilon_0))^{1/2}$，其中 $\nu_j=j\pi c/L$ 即腔本征频率，$V=LA$ 即腔的体积，A 为横截面积，m_j 为质量量纲的常数，m_j 是为了建立单模电磁场和简谐振子间的类比，等效谐振子有质量 m_j 和坐标 q_j。由 Maxwell 方程组(2.15)，得

$$H_y(z,t)=\sum_j A_j(\dot{q}_j\varepsilon_0/k_j)\cos(k_j z) \tag{2.18}$$

经典电磁场的 Hamilton 量

$$H=\frac{1}{2}\int_V \mathrm{d}\tau(\varepsilon_0 E_x^2+\mu_0 H_y^2) \tag{2.19}$$

积分是对整个腔的体积。将电场和磁场表达式(2.17)和(2.18)代入(2.19)式，得

$$H = \frac{1}{2}\sum_j (m_j\nu_j^2 q_j^2 + m_j\dot{q}_j^2) = \frac{1}{2}\sum_j \left(m_j\nu_j^2 q_j^2 + \frac{p_j^2}{m_j}\right) \tag{2.20}$$

式中 $p_j = m_j\dot{q}_j$ 为 j 模的正则动量。电磁场的能量写为一系列独立谐振子能量之和。

为了量子化电磁场,将 q_j,p_j 视为算符,假定这些算符遵循对易关系

$$[q_j, p_{j'}] = \mathrm{i}\hbar\delta_{jj'}, \quad [q_j, q_{j'}] = [p_j, p_{j'}] = 0 \tag{2.21}$$

引入 q_j,p_j 算符的正则变换

$$\begin{cases} a_j \mathrm{e}^{-\mathrm{i}\nu_j t} = \dfrac{m_j\nu_j q_j + \mathrm{i}p_j}{\sqrt{2m_j h\nu_j}} \\ a_j^\dagger \mathrm{e}^{\mathrm{i}\nu_j t} = \dfrac{m_j\nu_j q_j - \mathrm{i}p_j}{\sqrt{2m_j h\nu_j}} \end{cases} \tag{2.22}$$

(2.22)式中 $\mathrm{e}^{\pm\mathrm{i}\nu_j t}$ 由算符的 Heisenberg 运动方程决定,将(2.22)式代入(2.20)式,得

$$H = \hbar\sum_j \nu_j\left(a_j^\dagger a_j + \frac{1}{2}\right) \tag{2.23}$$

式中的对易关系为$[a_j, a_{j'}^\dagger] = \delta_{jj'}$,$[a_j, a_{j'}] = [a_j^\dagger, a_{j'}^\dagger] = 0$. 因此 $a_j^\dagger$,a_j 为光子的产生和湮灭算符。由(2.23)式可以看到,光学腔中的电磁场可视为由一些列不同频率的光子构成,每个光子的能量为 $\hbar\nu_j$。电场和磁场的算符为

$$\begin{cases} E_x(z,t) = \sum_j \Upsilon_j (a_j\mathrm{e}^{-\mathrm{i}\nu_j t} + a_j^\dagger \mathrm{e}^{\mathrm{i}\nu_j t})\sin(k_j z) \\ H_y(z,t) = -\mathrm{i}\varepsilon_0 c\sum_j \Upsilon_j (a_j\mathrm{e}^{-\mathrm{i}\nu_j t} - a_j^\dagger \mathrm{e}^{\mathrm{i}\nu_j t})\cos(k_j z) \end{cases} \tag{2.24}$$

式中 $\Upsilon_j = (\hbar\nu_j/(\varepsilon_0 V))^{1/2}$具有电场的量纲。(2.24)式中电场和磁场很类似于一维谐振子的位置和动量算符。若光学腔只有一个模式——频率为 ν,光子数为 n,则$H|n\rangle = \hbar\nu\left(a^\dagger a + \frac{1}{2}\right)|n\rangle = E_n|n\rangle$,此时量子化以后电磁场的能量用光子数和光子能量表示为 $E_n = \left(n + \frac{1}{2}\right)\hbar\nu$,可见光子就是量子化的电磁场。

参考文献

[1] Einstein A. Über einen die erzeugung und verwandlung des lichtes betreffenden heuristischen gesichtspunkt[J]. Annalen der Physik, 1905, 17: 132-148.

[2] Lenard P. Ueber die lichtelektrische wirkung[J]. Annalen der Physik，1902，313：149-198.

[3] Stark J. Die elektrizität in gasen[M]. Leipzig：Barth，1902.

[4] de Broglie L. On the theory of quanta[M]. Translated by A F，Kracklauer. Janvier-Février：Annalen de Physique，10e serie.，t. Ⅲ，1925.

[5] Schrödinger E. Quantisierung als eigenwertproblem[J]. Annalen der Physik，1926，79：361-376.

[6] Schrödinger E. Quantisierung als eigenwertproblem[J]. Annalen der Physik，1926，79：489-527.

[7] Schrödinger E. Quantisierung als eigenwertproblem[J]. Annalen der Physik，1926，80：437-490.

[8] Schrödinger E. Quantisierung als eigenwertproblem[J]. Annalen der Physik，1926，81：109-139.

[9] Planck M. Zur theorie des gesetzes der energieverteilung im normalspektrum[J]. Verhandlungen der Deutschen Physikalischen Gesellschaft，1900，2：237-243.

[10] Compton A. The spectrum of scattered X-ray[J]. Phys. Rev.，1923，22：409-413.

[11] Dirac P. The quantum theory of the emission and absorption of radiation[J]. Proceedings of the Royal Society of London，Series A，1927，114：243-265.

[12] Scully M，Zubairy M. Quantum optics [M]. Cambridge：Cambridge University Press，1997.

第3章 Bohr 氢原子理论

1905 年,Einstein 为了解释光电效应的实验结果提出了光量子理论[1],该理论认为光不仅在发出时是量子化的,而且在空间中传播时也是量子化的,光是由一个个光子组成的,每个光子的能量 $E = h\nu$,在光与物质相互作用时,光子只能整个地被吸收或者发射。1911 年,Rutherford 由 α 粒子被金箔散射实验[2]提出了有核原子模型,该模型肯定了原子中有一个带有所有正电荷、几乎集中了原子所有质量的原子核的存在,电子在核外运动。Rutherford 的核式原子结构有着不可克服的困难——核与电子之间的 $1/r^2$ 库仑作用,如果把电子绕核运动类比成行星绕太阳运动的话($1/r^2$ 的万有引力),加速运动的电子会发出电磁波而损失能量,在 10^{-9} 秒的时间内就坍塌到核里面,原子不复存在。但现实中谁也没有见到坍塌的原子,此即原子的稳定性问题。与原子稳定性问题相联系的是原子光谱的形状。在电子坍塌到原子核的过程中原子的能量是连续变化的,因此原子光谱应该也是连续的,实验观测到的原子光谱都是分立的,这个理论预测直接和实验事实相矛盾。Rutherford 原子模型还有一个问题难以解释,那就是原子的同一性——对于一种特定的样品,所有的原子不管它是哪里的,都具有相同的结构。Rutherford 的原子类似一个小的太阳系,每个原子最后的结构均依赖于系统的初始条件。但很难保证每一种原子都具有相同的初始条件,每一种原子应该具有不同的结构。然而我们能轻而易举地找到相同的原子,美国的铁原子和中国的铁原子,甚至月球上的铁原子在结构上都没有丝毫差异。

为了解决 Rutherford 原子模型遇到的稳定性、同一性、光谱的分立特征,以及复杂的氢原子光谱与一个凭经验凑出来的 Rydberg 公式完全符合之谜,1913 年 Bohr 综合 Einstein 光量子理论和 Rutherford 有核原子模型提出了 Bohr 氢原子理论[3]。

3.1 Bohr氢原子理论的提出

电子在库仑场中运动，$V=-k/r$，式中的系数 $k=\dfrac{Ze^2}{4\pi\varepsilon_0}$。电子绕核运动，角动量守恒

$$p_\varphi = mr^2\frac{\mathrm{d}\varphi}{\mathrm{d}t} \tag{3.1}$$

式中 m 为电子质量。由上式得

$$\mathrm{d}t = \frac{mr^2}{p_\varphi}\mathrm{d}\varphi$$

$$T = \int\mathrm{d}t = \frac{2m}{p_\varphi}\int_0^{2\pi}\frac{r^2}{2}\mathrm{d}\varphi = \frac{2m}{p_\varphi}\pi ab \tag{3.2}$$

上式中的积分$\int_0^{2\pi}\frac{r^2}{2}\mathrm{d}\varphi=\pi ab$ 为椭圆面积，a 和 b 分别为椭圆半长轴和半短轴。设椭圆偏心率为 e，则半短轴 b、半长轴 a 及偏心率 e 的关系为 $b=a\sqrt{1-e^2}$，联合该式和 $p_\varphi^2=mka(1-e^2)$，得到

$$b^2 = \frac{p_\varphi^2 a}{mk}$$

$$\frac{b}{p_\varphi} = \sqrt{\frac{a}{mk}}$$

将上式代入(3.2)式，得

$$T = 2m\pi a\sqrt{\frac{a}{mk}} = 2\pi\sqrt{\frac{ma^3}{k}}$$

考虑到椭圆轨道系统的能量 $E=-\dfrac{k}{2a}$，得电子椭圆轨道的频率和体系的能量 $|E|$ 之间的关系为

$$T = \pi k\sqrt{\frac{m}{2}\frac{1}{|E|^3}}$$

$$\nu = \frac{1}{T} = \frac{1}{\pi k}\sqrt{\frac{2}{m}}|E|^{3/2} \tag{3.3}$$

这一结论常称为 Kepler 第三定律。

Bohr 认为,经典轨道中只有某些离散的能量所对应的状态(定态假设)才是稳定的,这些离散的能量用正整数 n 标记。Bohr 进一步假定

$$-E(n) = h\nu(E)f(n) \tag{3.4}$$

由对应原理,Bohr 提出当量子数 n 很大,Δn 很小时,量子论得到的结果和经典力学的结果相同。(3.4)式中 $\nu(E)$ 为经典频率,由 Kepler 第三定律(3.3)式和(3.4)式可得

$$E(n) = -\frac{\pi^2 k^2 m}{2h^2 f^2(n)} \tag{3.5}$$

由 Bohr 频率条件 $h\nu_{nm} = E_n - E_m$(跃迁假设)得

$$\nu_{nm} = \frac{E_n - E_m}{h} = \frac{\pi^2 k^2 m}{2h^3}\left(\frac{1}{f^2(m)} - \frac{1}{f^2(n)}\right) \tag{3.6}$$

对比 Rydberg 公式 $\nu_{nm} = R\left(\frac{1}{m^2} - \frac{1}{n^2}\right)$,可令

$$f(n) = Ln \tag{3.7}$$

式中 L 为待定常数。为了确定 L 的值,考虑大量子数 $N(N \gg n > 1)$ 向 $N-1$ 跃迁的情况,此时的量子频率为

$$\nu_{N\to N-1} = \frac{\pi^2 k^2 m}{2h^3 L^2}\left[\frac{1}{(N-1)^2} - \frac{1}{N^2}\right] = \frac{\pi^2 k^2 m}{2h^3 L^2}\,\frac{2N-1}{(N-1)^2 N^2} \approx \frac{\pi^2 k^2 m}{h^3 L^2}\,\frac{1}{N^3} \tag{3.8}$$

而大量子数为 N 时,电子绕核运动的经典频率(也近似等于 $N-1$ 时的经典频率)为

$$\nu_N(E) = \frac{-E(N)}{hf(N)} = \frac{\pi^2 k^2 m}{2h^3 f^3(N)} = \frac{\pi^2 k^2 m}{2h^3 L^3 N^3} \approx \nu_{N-1}(E) \tag{3.9}$$

由对应原理知,大量子数 N 向 $N-1$ 跃迁的量子频率和经典频率相等,即

$$\nu_{N\to N-1} = \nu_N(E)$$

由此得

$$L = 1/2$$

于是得到氢原子的能级公式

$$E(n) = -\frac{2\pi^2 k^2 m}{n^2 h^2} = -\frac{Z^2 m e^4}{(4\pi\varepsilon_0)^2 2\hbar^2 n^2} \tag{3.10}$$

式中 $\hbar = h/(2\pi)$,(3.10)式正是量子数 $n \gg 1$ 时的氢原子能级公式。根据对应原

理 Bohr 合理地设想，对于量子数 n 小的轨道该公式也适用，(3.10)式就是氢原子(类氢离子)的 Bohr 能级公式，式中，$n = 1, 2, 3, \cdots$ 为主量子数。再由跃迁假设的频率条件，Bohr 氢原子理论完美地解释了氢原子光谱的各个线系，计算出实验测量的 Rydberg 常数，还解释了类氢离子，特别是氦的类氢离子 Pickering 线系之谜。

设电子绕原子核做圆周运动，牛顿定律为 $\frac{mv^2}{r} = \frac{1}{4\pi\varepsilon_0}\frac{e^2}{r^2}$。原子体系的总能量

$$E = T + V = \frac{1}{2}mv^2 - \frac{1}{4\pi\varepsilon_0}\frac{e^2}{r} = -\frac{1}{2}\frac{1}{4\pi\varepsilon_0}\frac{e^2}{r} \tag{3.11}$$

由(3.10)式和(3.11)式，得到

$$r_n = \frac{4\pi\varepsilon_0\hbar^2}{me^2}n^2 \tag{3.12}$$

电子运动的速度

$$v = \sqrt{\frac{e^2}{4\pi\varepsilon_0 mr}} \tag{3.13}$$

电子绕核做圆轨道运动的角动量

$$L = mvr = mr\sqrt{\frac{e^2}{4\pi\varepsilon_0 mr}} = \sqrt{\frac{me^2 r}{4\pi\varepsilon_0}} = n\hbar \quad (n = 1, 2, 3, \cdots) \tag{3.14}$$

(3.14)式就是我们所说的角动量量子化。一般教科书都把角动量量子化作为 Bohr 理论的第三个假设，其实角动量量子化是 Bohr 在两个假设的基础上应用对应原理导出的一个推论。

3.2　对应原理及其应用

在量子力学出现以前，Bohr 在 1918 年系统阐述的对应原理对 1925 年以前的旧量子理论产生了极其深刻的影响，该原理在经典概念和量子概念之间建立了特殊的联系。事实上，当人们在量子理论范围内解释原子结构的许多问题遇到严重困难时，对应原理便成了获取新成果时带有指导性的思维方法。

Bohr 关于对应原理比较精确而晦涩的表述为[4]：没有关于定态间跃迁机制

的详细理论,我们当然不能普遍地得到两个这种定态之间自发跃迁概率的严格确定法,除非各个 n 是一些大数……对于并不是很大的那些 n 值,在一个给定跃迁的概率和两个定态中粒子位移表示式的傅里叶系数值之间也必定存在一种密切的联系。

我们举两个具体的例子,即周期运动体经典频率和它辐射的量子频率相关性的一般说明[5],以及通过经典理论给出原子光谱的强度,来看看对应原理是如何工作的。

一个具有自由度的体系,它辐射的频率

$$\nu = \frac{E - E'}{h} = \frac{\Delta E}{h} \tag{3.15}$$

考虑到量子化条件

$$J = \oint p\mathrm{d}q = nh$$

状态如果改变,作用量 J 也要改变:

$$\Delta J = \Delta n \cdot h \equiv \tau h \tag{3.16}$$

将(3.15)式和(3.16)式消去 h,得到

$$\nu = \frac{\Delta E}{h} = \tau \frac{\Delta E}{\Delta J} \tag{3.17}$$

(3.15)式是一个自由度体系辐射频率的一般表达式。经典理论辐射频率等于辐射体的运动频率,辐射体的能量

$$E = \frac{p^2}{2m} + V$$

一个周期的作用量

$$J = \oint p\mathrm{d}q = \oint \sqrt{2m(E - V)}\mathrm{d}x \tag{3.18}$$

经典理论中 E 可以连续变化,J 对 E 的导数

$$\begin{aligned}\frac{\mathrm{d}J}{\mathrm{d}E} &= \oint \frac{m}{\sqrt{2m(E - V)}}\mathrm{d}x = \oint \frac{m}{p}\mathrm{d}x \\ &= \oint \frac{\mathrm{d}x}{v} = \oint \frac{\mathrm{d}x}{\mathrm{d}x/\mathrm{d}t} = \oint \mathrm{d}t = T\end{aligned} \tag{3.19}$$

这个是辐射体的振动周期,频率为 $1/T$,即

$$\nu_1 = \frac{1}{T} = \frac{\mathrm{d}E}{\mathrm{d}J} \tag{3.20}$$

对于更复杂的振动，按傅里叶分析，它们可以看作许多谐振动的叠加，这些振动是基频的整数倍，即

$$\nu_c = \tau \frac{\mathrm{d}E}{\mathrm{d}J} \tag{3.21}$$

当量子数 n 很大，而 $\Delta n = \tau$ 很小时，量子论(3.17)式的有限值之比就等于(3.21)式的经典频率了。

对应原理一个很大的用途就是通过经典理论给出原子光谱的强度[6]。设原子从 $E(n)$能级自发辐射到较低的 $E(n-\tau)$能级，由 Einstein 的理论，单位时间辐射的能量

$$\frac{\mathrm{d}E}{\mathrm{d}t} = h\nu_\tau A_n^{n-\tau} \tag{3.22}$$

自发辐射的谱线的强度与 $A_n^{n-\tau}$ 有关。当 $n \gg 1, n \gg \tau$ 时，自发辐射的频率 $\nu_\tau = \tau\nu_c$，经典电动力学中，把电偶极矩 P 做傅里叶展开，即

$$P = \sum_{-\infty}^{\infty}{}_{\tau} P_\tau \mathrm{e}^{2\pi \mathrm{i}\tau\nu_c t} \tag{3.23}$$

容易得到 $\ddot{P}^2 = (2\pi\nu_c)^4 \sum_{\tau,\tau'} P_\tau P_{\tau'} \tau^2 \tau'^2 \exp[2\pi \mathrm{i}(\tau + \tau')\nu_c t]$，该式对时间求平均后，利用$\frac{1}{2\pi}\int_0^{2\pi} \mathrm{e}^{\mathrm{i}(\tau+\tau')wt} \mathrm{d}(wt) = \delta(\tau+\tau')$，只有 $\tau' = -\tau$ 的项不为零，即

$$\overline{\ddot{P}^2} = (2\pi\nu_c)^4 \sum_{-\infty}^{\infty}{}_{\tau} |P_\tau|^2 \tau^4 \tag{3.24}$$

由经典电动力学，偶极振荡单位时间内辐射的能量

$$\frac{\mathrm{d}E}{\mathrm{d}t} = \frac{2\overline{\ddot{P}^2}}{3c^3} \tag{3.25}$$

比较(3.22)式和(3.25)式，局限于讨论 $\nu_\tau = \tau\nu_c$ 的辐射，得自发辐射系数

$$A_n^{n-\tau} = \frac{4(2\pi)^4}{3hc^3}\nu_\tau^3 |P_\tau|^2 \tag{3.26}$$

由(3.22)式和(3.26)式知，处于激发态 φ_n 数目为 N_n 的原子向低能态 φ_m 跃迁，发出频率为 ν_τ 的光强正比于辐射功率，即

$$J_n^{n-\tau} = N_n h\nu_\tau A_n^{n-\tau} = N_n \frac{4(2\pi)^4}{3c^3}\nu_\tau^4 \mid P_\tau \mid^2 \tag{3.27}$$

式中 $\tau = n - m$。由对应原理可知，光谱强度和频率的四次方成正比，也正比于原子电偶极矩傅里叶振幅的模平方。如何确定原子电偶极矩傅里叶振幅的模平方（$|P_\tau|^2 = |P_{nm}|^2$）正是量子力学要解决的最重要的问题之一。

3.3 Bohr 氢原子理论的地位和对应原理的历史意义

在原子的 Rutherford 核式模型的基础上发展起来的 Bohr 氢原子理论第一次把光谱纳入一个理论体系中。Bohr 理论指出经典物理的规律不能完全适用于原子内部，微观体系应该有特有的量子规律。Bohr 理论中普遍的规律有：

（1）原子具有能量不连续的定态，原子只能较长时间地停留在这些定态上，定态上的原子不发射也不吸收能量；

（2）原子从一个定态跃迁到另一个定态发射或吸收电磁波的频率是一定的，满足频率条件 $h\nu_{kn} = E_k - E_n$。

Bohr 理论指出了当时原子物理发展的方向，极大地推动了实验工作（如 Franck-Hertz 实验、Stern-Gerlach 实验、Urey 发现氢的同位素氘）和理论工作（如 Einstein 受激辐射理论、Sommerfeld 椭圆轨道和相对论效应修正、Bohr 原子的壳层结构、Kramers-Heisenberg 色散理论、Heisenberg 矩阵力学）的发展，承前启后，是原子物理一个非常重要的进展。

事实上，1925 年 Heisenberg 关于矩阵力学的第一篇文章就是多次运用对应原理发现矩阵乘法运算规则的，矩阵力学可以说是对应原理的逻辑结果。1925～1927 年 Heisenberg、Schrödinger、Dirac、Born、Jordan 创立并发展了量子力学后，对应原理今天已不重要。既然 Bohr 并未提出量子数小的情形下跃迁概率与经典振幅之间普遍而定量的关联，对应原理在旧量子论中为何还如此有用，以至于 Bohr 和 Born 对它作出了这么高的评价呢？这是因为，对应原理虽未能给出计算跃迁概率的普遍方法，但 Bohr 所说的跃迁概率与经典振幅之间的“密切的联系”

包含了一些重要的定性对应，比如可以通过对经典振幅的分析确定量子跃迁为零的情形，这样就可以导出量子跃迁的选择定则、光谱强度以及跃迁辐射的偏振性质，而这些在旧量子论(the old quantum theory)时期非常重要。

参考文献

[1] Einstein A. Über einen die erzeugung und verwandlung des lichtes betreffenden heuristischen gesichtspunkt[J]. Annalen der Physik, 1905, 17: 132-148.

[2] Rutherford E. The scattering of alpha and beta particles by matter and the structure of the atom[J]. Philsophical Magazine, 1911, 21: 669-688.

[3] Bohr N. On the constitution of atoms and molecules: Part Ⅰ[J]. Philosophical Magazine, 1913, 26: 1-24.

[4] Bohr N. On the quantum theory of line-spectra[J]. D. Kgl. Danske Vidensk. Selsk. Skrifter, Naturvidensk. Og Mathem. Afd. 8. Række, 1918, Ⅳ.1: 1-3.

[5] 褚圣麟.原子物理学[M].北京:高等教育出版社,1979.

[6] 曾谨言.量子力学:卷2[M].5版.北京:科学出版社,2014.

第 4 章　de Broglie 物质波

1905 年,Einstein 提出了光量子理论[1],认为光不但具有波动性,还具有粒子性,可以把光看成一束粒子流,每个光子的能量和频率通过 Planck 常数联系起来:$E=h\nu$,于是光电效应的实验结果得到了很好的解释。1917 年,Einstein 在《辐射的量子理论》一文中明确指出物质在辐射基元过程中交换能量 $h\nu$ 的同时必然伴随冲量 $h\nu/c$ 的传递[2]。1923 年,Compton 的 X 射线散射实验证明了电磁辐射的量子在参与基元过程中[3],就像物质粒子一样贡献能量 $h\nu$ 和动量 $h\nu/c$,从而保证整个散射过程的能量和动量守恒,至此光的粒子性被确认,光的波粒二象性新观念得到了大家的一致认同。

1923 年,de Broglie 试着把光的波粒二象性推广到像电子那样的微观粒子,提出"任何运动着的物体都会有一种波动伴随着,不可能将物体的运动和波的传播拆开"。他提出物质波的理由是,一方面并不能认为光的量子论令人满意,因为 $E=h\nu$ 定义了光子能量,这个方程包含着频率 ν。在一个单纯的粒子理论中,没有什么东西可以使人们定义频率,单单这一点就迫使人们在光的情形中必须同时引入粒子概念和周期性概念。另一方面,在 Bohr 原子理论中电子稳定运动的确立,引入了整数,在物理学中涉及整数的现象只有干涉和振动的简正模式。这些事实使 de Broglie 产生了如下想法:不能把电子简单地看成粒子,必须同时赋予它一个周期性,应把它们视为一种振动。我们来看看 de Broglie 的论证过程[4]。

4.1　de Broglie 物质波假说

一个相对粒子静止的参考系 S_0 中,粒子具有静止能量 $E_0=m_0c^2$,粒子的能量

也可以用 Planck 能量子表示：$E_0 = h\nu_0$，

$$\nu_0 = \frac{m_0 c^2}{h} \tag{4.1}$$

粒子可以看成频率为 ν_0 的振动，振幅为 $\cos\left(\frac{2\pi}{h}E_0 t_0\right)$。站在相对 S_0 系以速度 $v = \beta c$（c 为真空中的光速）运动的参考系 S 观测，粒子的能量及振动频率表示为

$$E = \frac{m_0 c^2}{\sqrt{1-\beta^2}} = h\nu \tag{4.2}$$

由此得到在 S 中观察到的粒子的振动频率

$$\nu = \frac{m_0 c^2}{h}\frac{1}{\sqrt{1-\beta^2}} \tag{4.3}$$

从(4.3)式我们能看到，在不同的参考系粒子振动的频率不同。

根据相对论时钟变慢效应，在 S_0 参考系中周期过程的频率为 ν_0，在 S 参考系中观测到的频率变为 $\nu_1 = \nu_0\sqrt{1-\beta^2}$，将(4.1)式代入，得

$$\nu_1 = \frac{m_0 c^2}{h}\sqrt{1-\beta^2} \tag{4.4}$$

比较(4.3)式和(4.4)式，当 $\beta \neq 0$ 时，ν_1 和 ν 不可能相等。但从引入 ν_1 和 ν 的思路来看，两个频率似乎应该相同，即都是在 S 系中观测 S_0 系中粒子的振动频率。如何解决这个问题呢？为此 de Broglie 提出并证明了相位调和定理：在 S 系中观察者观测到的频率

$$\nu_1 = \frac{m_0 c^2}{h}\sqrt{1-\beta^2}$$

的周期性变化现象总是和与物体运动相联系的一种波同相位，这个波的频率

$$\nu = \frac{m_0 c^2}{h}\frac{1}{\sqrt{1-\beta^2}}$$

其传播方向与以速度 $v = \beta c$ 运动的物质运动方向相同，波的相速度 $u = c/\beta = c^2/v$，这个波的相位永远和频率 ν_1 振动的相位相同。粒子的这个波把粒子的运动和波的传播联系起来，de Broglie 称这个波为相位波，现在常称为 de Broglie 物质波。原来让 de Broglie 困惑的 ν_1 和 ν 并不是同一个频率，ν_1 是 S 系观测到的 S_0 系中粒子振动频率 ν_0，而 ν 是 S 系观察到的 de Broglie 物质波的频率，两者不可能相等。

证明是直接的，设 $t=0$ 时频率 ν_1 振动相位和粒子的波 ν 的相位相同，经过时间 t 后，粒子运动的距离 $x=vt=\beta ct$，频率 ν_1 振动相位改变了，即

$$\Delta\varphi_1 = \nu_1 t = \frac{m_0 c^2}{h}\sqrt{1-\beta^2}\,t = \frac{m_0 c^2}{h}\sqrt{1-\beta^2}\,\frac{x}{\beta c} \tag{4.5}$$

而粒子的波的相位改变为

$$\Delta\varphi = \nu\left(t-\frac{x}{u}\right) = \frac{m_0 c^2}{h}\frac{1}{\sqrt{1-\beta^2}}\left(\frac{x}{\beta c}-\frac{\beta x}{c}\right) = \frac{m_0 c^2}{h}\sqrt{1-\beta^2}\,\frac{x}{\beta c} \tag{4.6}$$

由(4.5)式和(4.6)式，得 $\Delta\varphi_1=\Delta\varphi$，命题得证。

由(4.2)式和物质波相速度 $u=c/\beta=c^2/v$，可得

$$\lambda = \frac{u}{\nu} = \frac{c^2 h}{vE} = \frac{h}{vE/c^2} = \frac{h}{mv} = \frac{h}{p} \tag{4.7}$$

(4.2)式和(4.7)式是我们熟悉的 de Broglie 关系。

还有一种更为简洁而深刻的方法导出 de Broglie 物质波。由 $\nu_0=E_0/h$ 知，S_0系中粒子振动的位移为 $\cos\frac{2\pi}{h}E_0 t_0$，将 S_0系和 S 系的 Lorentz 变换

$$t_0 = \frac{t-\frac{v}{c^2}x}{\sqrt{1-v^2/c^2}} \tag{4.8}$$

代入 $\cos\left(\frac{2\pi}{h}E_0 t_0\right)$，此时 S_0系中粒子振动在 S 系中就变成了一种波，这个波的位移为

$$\cos\left[\frac{2\pi}{h}\frac{E_0\left(t-\frac{v}{c^2}x\right)}{\sqrt{1-v^2/c^2}}\right] \tag{4.9}$$

从(4.9)式可以得到这种波动的频率(时间 t 前面的系数)

$$\nu = \frac{E_0/\sqrt{1-v^2/c^2}}{h} \tag{4.10}$$

而在 S 参考系中粒子的能量

$$E = mc^2 = \frac{m_0 c^2}{\sqrt{1-v^2/c^2}} = \frac{E_0}{\sqrt{1-v^2/c^2}} \tag{4.11}$$

将(4.11)式代入(4.10)式，得 de Broglie 相位波频率

$$\nu = \frac{E}{h} \tag{4.12}$$

从(4.9)式我们看到相位波相速度 $u = x/t = c^2/v$，由于相速度大于光速，物质的波不表示能量的传输，而是代表粒子的空间分布。由相速度 $u = \nu\lambda$，得相位波的波长

$$\lambda = \frac{u}{\nu} = \frac{c^2 h}{vE} = \frac{h}{vE/c^2} = \frac{h}{mv} = \frac{h}{p} \tag{4.13}$$

(4.12)式和(4.13)式称为 de Broglie 关系，相位波位移为 $\cos\left[\frac{2\pi}{h}(Et - px)\right]$，这个平面简谐波即是自由粒子的波函数。有时将(4.12)式和(4.13)式写为圆频率和波矢的形式 $E = \hbar\omega$，$p = \hbar k$，式中 $\hbar = h/(2\pi)$ 为约化 Planck 常数。

de Broglie 相位波的群速度(波包传播的速度)g 等于多少呢？g 的表达式为

$$g = \frac{\mathrm{d}\omega}{\mathrm{d}k} \tag{4.14}$$

事实上，把一平面简谐波 $y = \cos(\omega t - kx)$ 和一邻近频率的平面简谐波 $y' = \cos[(\omega + \mathrm{d}\omega)t - (k + \mathrm{d}k)x]$叠加，易得

$$\begin{aligned} y + y' &= \cos(\omega t - kx) + \cos[(\omega + \mathrm{d}\omega)t - (k + \mathrm{d}k)x] \\ &= 2\cos[(\omega + \mathrm{d}\omega/2)t - (k + \mathrm{d}k/2)x]\cos(t \cdot \mathrm{d}\omega/2 - x \cdot \mathrm{d}k/2) \end{aligned}$$

由上式知道波包(低频)的传播速度 $g = \frac{x}{t} = \frac{\mathrm{d}\omega/2}{\mathrm{d}k/2} = \frac{\mathrm{d}\omega}{\mathrm{d}k}$，此即(4.14)式。又频率 $\omega = E/\hbar$，波矢 $k = p/\hbar$，于是(4.14)式变为

$$g = \frac{\mathrm{d}E}{\mathrm{d}p} = \frac{\mathrm{d}\sqrt{p^2c^2 + m_0^2c^4}}{\mathrm{d}p} = \frac{p}{m} = v \tag{4.15}$$

对于物质波，我们也可以说物体能量转移的速度(群速度)就等于物体的运动速度。

4.2 de Broglie 物质波导出 Bohr 氢原子理论

de Broglie 从物质波概念可以导出 Bohr 氢原子理论中的角动量量子化、原子能级这两个最主要的结论，第一次给 Bohr 氢原子理论一个比较合理的物理解释。图 4.1 给出了原子轨道的 de Broglie 驻波图像，de Broglie 认为只有当轨道的长度

等于电子波长的整数倍时，电子的运动才是稳定的，即有

$$2\pi r = n\lambda = n\frac{h}{mv} \quad (n = 1,2,3,\cdots) \tag{4.16}$$

上式经改写得

$$rmv = n\frac{h}{2\pi} = n\hbar \tag{4.17}$$

很明显(4.17)式就是 Bohr 氢原子理论中给出的角动量量子化条件 $L = n\hbar$。

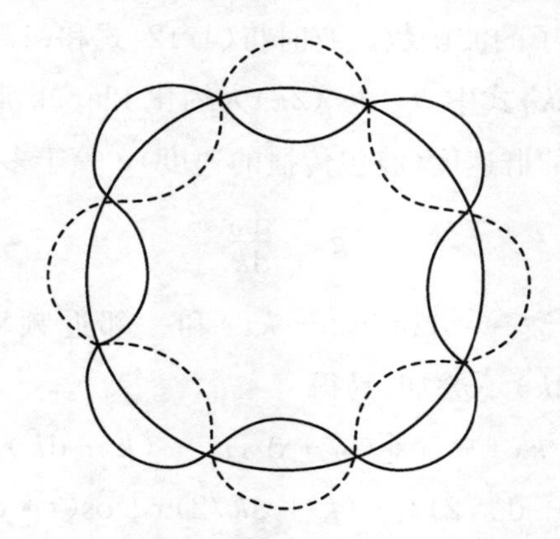

图 4.1　原子轨道的 de Broglie 驻波($n = 4$)

由 Newton 第二定律得

$$\frac{mv^2}{r} = \frac{e^2}{4\pi\varepsilon_0 r^2}$$

$$rmv^2 = \frac{e^2}{4\pi\varepsilon_0}$$

考虑到(4.17)式有

$$v_n = \frac{e^2}{4\pi\varepsilon_0 n\hbar} \tag{4.18}$$

而氢原子体系的能量为

$$E_n = \frac{1}{2}mv^2 - \frac{e^2}{4\pi\varepsilon_0 r} = -\frac{1}{2}mv^2$$

将(4.18)式代入上式立刻得到 Bohr 原子能级公式

$$E_n = -\frac{1}{n^2}\frac{me^4}{8\varepsilon_0 h^2}$$

由 de Broglie 物质波概念和驻波条件导出 Bohr 氢原子理论的主要结论，使得

de Broglie 理论有了一个比较坚实的基础，至少和原有的理论不相矛盾。

1924 年 Einstein 将 Bose 对粒子数不守恒的光子的统计方法推广到粒子数守恒的原子，预言了 Bose-Einstein 凝聚现象[5]，即当这类原子温度足够低时发生相变，所有的原子会突然聚集在一种能量尽可能低的状态。Einstein 借用了 de Broglie 理论解释这种新现象，在极低的温度下原子的 de Broglie 热波长为 $\lambda_T = h/\sqrt{2\pi m k_B T}$，当热波长 λ_T 大于原子间平均线度 $(V/N)^{1/3} = n^{-1/3}$（n 为原子数密度）时，即 $n\lambda_T^3 > 1$，就会发生 Bose-Einstein 凝聚。事实上当热波长 λ_T 大于原子间平均线度时，大量原子以相干的方式相互叠加，量子效应非常显著，非简并原子气体变为简并或强简并原子气体，计算原子气体热力学量的 Boltzmann 统计让位于 Bose 统计或 Fermi 统计。

尽管 de Broglie 的理论看起来很有道理，而且也能对已有的事实做出合理的解释，但理论是否正确仍然需要实验来判决。最早证明 de Broglie 物质波假说的是 1927 年 C. Davisson 和 L. Germer 完成的电子在镍单晶上的衍射实验[6]，理论预言的(4.5)式和实验结果一致，从而定量地证实了物质波的存在。1926 年 Schrödinger 在 de Broglie 物质波的基础上建立了波动力学。

参考文献

[1] Einstein A. Über einen die erzeugung und verwandlung des lichtes betreffenden heuristischen gesichtspunkt[J]. Annalen der Physik, 1905, 17: 132-148.

[2] Einstein A. Zur Quantentheorie der strahlung[J]. Physikalische Zeitschrift, 1917, 18: 121-128.

[3] Compton A. The spectrum of scattered X-ray[J]. Phys. Rev., 1923, 22: 409-413.

[4] de Broglie L. On the theory of quanta[M]. Translated by A F, Kracklauer. Janvier-Février: Annalen de Physique, 10e serie., t. Ⅲ, 1925.

[5] Einstein A. Quantentheorie des einatomigen idealen gases[J]. Sitzungsberichte der Preussischen Akademie der Wissenschaften, 1925, 1: 3-14.

[6] Davisson C, Germer L. Reflection of electrons by a crystal of Nickel[J]. Proceedings of the National Academy of Sciences of the United States of America, 1928, 14: 317-322.

第 5 章 Heisenberg 矩阵力学

1925 年 Heisenberg 从 Bohr 频率条件和 Kramers 色散理论中看到了矩阵力学的端倪,他试图借助可观察量,运用对应原理将物理量写成无限维方矩阵,得到了量子化条件和谐振子能级公式。为了更好地理解矩阵力学,我们首先介绍一下它的产生背景。

5.1 Kramers 色散理论

Compton 效应的实验使得人们不得不承认 Einstein 光量子理论的正确性,但这就势必要推翻现有的电磁理论体系,而 Maxwell 电磁理论看上去又牢不可破,无法动摇。1924 年 Bohr、Kramers 和 Slater 发表了 Bohr-Kramers-Slater(BKS)理论试图解决光波的连续性和原子跃迁的不连续这个两难问题[1]。在 BKS 理论看来,当一个原子在定态时,它会通过辐射场和别的原子建立联系。这个虚辐射场来自于具有可能原子跃迁频率的虚振子,它具有诱发原子跃迁的功能。由于 Bohr 对光量子的消极态度,BKS 理论不是想调和光的波动和粒子的矛盾,而是想把连续的电磁场和不连续的原子跃迁联系起来。虚辐射场的作用是通过确定原子的跃迁几率得到统计的能量、动量守恒,这意味着要放弃原子对辐射的发射和吸收的因果描述。由此 BKS 得到结论:能量、动量守恒只在统计意义上成立,而在基元过程不是严格成立的。能量、动量不守恒代价太大,遭到了 Einstein、Pauli 等人的强烈反对。1925 年 Bothe 和 Compton 等人独立地从实验上否定了 BKS 理论,证实光子和电子相互作用的基元过程能量和动量守恒也精确成立[2,3]。他们对 Compton 效应实验进行细致研究,实验结果显示 Compton 散射中反冲电子和散射光子存在明显的同时性和角度关联，这和 BKS 理论完全矛盾，因为后者预言散射光的发射在时间和方向上都是随机的，与反冲电子之间不存在显著的同时性和角度相关性。

虽然 BKS 理论被否定，但它的一些思想也不是毫无意义，Kramers 利用虚拟振子的思想研究了色散现象并取得了积极的结果。为此我们先介绍一下经典的色散理论，一个原子和一个价电子被视为一个电偶极振子，一束偏振的单色光

$$E = E_0\cos(2\pi\nu t)$$

照射该原子时，会产生和光偏振方向相同的电偶极矩 $p = -ex$，由牛顿第二定律可得电偶极矩满足的方程为

$$\ddot{p} + \omega_0^2 p = \frac{e^2 E_0}{m}\cos(2\pi\nu t) \tag{5.1}$$

式中 m 为电子质量，$\omega_0^2 = k/m$ 为振子的本征频率。(5.1)式的稳态解为

$$p = \frac{e^2}{4\pi^2 m}\frac{E_0\cos(2\pi\nu t)}{\nu_0^2 - \nu^2} \tag{5.2}$$

如果原子有 k 种极化，每种极化有 f_k 个电子，则原子的极化强度为

$$P = \left(\frac{e^2}{4\pi^2 m}\sum_k \frac{f_k}{\nu_{0k}^2 - \nu^2}\right)E_0\cos(2\pi\nu t) \equiv \alpha E_0\cos(2\pi\nu t) \tag{5.3}$$

由此可得

$$\alpha = \frac{e^2}{4\pi^2 m}\sum_k \frac{f_k}{\nu_{0k}^2 - \nu^2} \tag{5.4}$$

式中的极化率 α 和原子对光的折射率联系在一起了，因此称原子对光的响应为色散理论。

以上是原子对光色散的经典结果，1921 年 Ladenburg 将经典的色散理论的强度因子 f 和 Einstein 自发辐射系数 A 联系在一起，得到

$$f_{ki} = \frac{3mc^3}{8\pi^2 e^2}\frac{A_k^i}{\nu_{ki}^2}$$

其中 $\nu_{ki} = (E_k - E_i)/h$，h 为 Planck 常数。将经典形式的(5.3)式改写为量子形式[4]

$$P_{\text{Ladenburg}} = \frac{3c^3 E_0\cos(2\pi\nu t)}{32\pi^4}\sum_{k,E_k>E_i}\frac{A_k^i}{\nu_{ki}^2(\nu_{ki}^2 - \nu^2)} \tag{5.5}$$

式中 i 表示原子的基态，k 表示激发态。这种形式的色散体现了原子对光的吸收，原子吸收光同时原子的能级由基态 i 向高能级 k 跃迁。1924 年，Kramers 将 i 推广为激发态，将 Ladenburg 色散公式(5.5)式改写为

$$P_q = \frac{3c^3 E_0 \cos(2\pi\nu t)}{32\pi^4}\left[\sum_{k,E_k>E_i}\frac{A_k^i}{\nu_{ki}^2(\nu_{ki}^2-\nu^2)} - \sum_{k',E_{k'}<E_i}\frac{A_i^{k'}}{\nu_{ik'}^2(\nu_{ik'}^2-\nu^2)}\right] \tag{5.6}$$

其中 $\nu_{ik'}=(E_i-E_{k'})/h$[5]。(5.6)式的第一项和(5.5)式相同,第二项对低于 i 能级的 k'能级求和。第二项表示原子吸收光,同时原子的能级由高能级 i 向低能级 k'跃迁,这种负吸收对应于 Einstein 受激辐射。反常色散的第二项后来被 Ladenburg 等人的一系列实验证实。1924 年,Kramers、Born 和 Van Vleck 独立地借助 Bohr 对应原理推出了 Kramers 色散公式(5.6)[6-8]。

将 Ladenburg 关系 $f_{ki}=\frac{3mc^3}{8\pi^2e^2}\frac{A_k^i}{\nu_{ki}^2}$带入(5.6)式得

$$P = \frac{e^2E_0\cos(2\pi\nu t)}{4\pi^2 m}\left(\sum_{k,E_k>E_i}\frac{f_{ki}}{\nu_{ki}^2-\nu^2} - \sum_{k',E_{k'}<E_i}\frac{f_{ik'}}{\nu_{ik'}^2-\nu^2}\right) \tag{5.7}$$

考虑极限情况 $\nu_{ki},\nu_{ik'}\ll\nu$,(5.7)式过渡到经典的原子对 X 射线色散的 Thomson 公式

$$P_{\text{Thomson}} = -\frac{e^2E_0\cos(2\pi\nu t)}{4\pi^2 m\nu^2} \tag{5.8}$$

于是得到

$$\sum_k f_{ki} - \sum_{k'} f_{ik'} = 1 \tag{5.9}$$

此式为 Kuhn-Thomas 求和规则[9,10],很明显 Kuhn-Thomas 求和规则是 Bohr 对应原理的产物。

1925 年,Kramers 和 Heisenberg 采用了 Born 的做法,即把对作用量 J 的微商改写为差分,导出了完全量子化的 Kramers-Heisenberg 色散公式[11]:

$$P_{\text{Kramers-Heisenberg}} = \frac{2e^2E_0\cos(2\pi\nu t)}{h}\left(\sum_{k,\nu_{ki}>0}\frac{|x_{ki}|^2\nu_{ki}}{\nu_{ki}^2-\nu^2} - \sum_{k',\nu_{ik'}>0}\frac{|x_{ik'}|^2\nu_{ik'}}{\nu_{ik'}^2-\nu^2}\right) \tag{5.10}$$

式中 x_{ki} 是与位置坐标 $x=\sum_{\tau=-\infty}^{\infty}x_\tau e^{i2\pi\tau\nu t}$ 傅里叶分量 x_τ 对应的量子物理量,只与两个定态跃迁相关。$|x_{ki}|^2=x_{ki}^*x_{ki}$ 为物理量 x_{ki} 的模平方,由于物理量 $|x_{ki}|^2$ 和 Einstein 自发辐射系数 A_k^i 联系起来,$A_k^i=\frac{4(2\pi)^4\nu_{ki}^3}{3hc^3}e^2|x_{ki}|^2$,因此它决定了谱线的强度。为了计算色散公式(5.10)中的 $|x_{ki}|^2$,必须弄清楚位置坐标 x 傅里叶分

量 x_τ 对应的这个量子物理量x_{ki} 的物理本质、遵循的运动方程及 x_{ki} 的具体形式和两个量 x_{ki} 之间的运算规则,特别是乘法规则。Born、Heisenberg 和 Jordan 讨论后认为物理量 x_{ki} 的乘法不同于一般物理量的乘法,而应该遵守某种未知的符号乘法规则,这种神秘的符号乘法规则到底是什么呢?这些都是当时量子理论急需要解决的问题,对当时量子理论的发展具有极大的重要性。1925 年,Heisenberg 天才地把位置坐标 $x = \sum_\tau x_\tau e^{i2\pi\tau\nu t}$ 改写成矩阵,其矩阵元为 $x_{ki}e^{i2\pi\nu_{ki}t}$。这样,物理量 x_{ki} 的物理本质就是位置坐标的矩阵元(除去时间相关的相位因子 $e^{i2\pi\nu_{ki}t}$),两个物理量 x_{ki} 的符号乘法即简单的矩阵相乘。Heisenberg 解决了上述问题,很快创立了矩阵力学[12]。

5.2 一 人 文 章

Bohr 的氢原子理论中一系列定态对应于一个能量 $E(n)$,$E(l)$等,从一个能级跃迁到另一个能级,原子会放出一个光子,光子的频率满足 Bohr 的频率条件

$$\omega(n,l) = [E(n) - E(l)]/\hbar \tag{5.11}$$

显然就频率而论,满足 Ritz 组合定则,即

$$\omega(n,k) + \omega(k,l) = \omega(n,l) \tag{5.12}$$

经典方法用振幅和频率描述运动,必须把坐标写成傅里叶级数

$$x(t) = \sum_\tau x_\tau e^{i\tau\omega(n)t} \tag{5.13}$$

其中 τ 在无穷范围内取整数,$\omega(n)$为基频,$\tau\omega(n)$为谐频,$x(t)$是实数,使得式子 $x_{-\tau} = x_\tau^*$ 成立。量子论中代替(5.13)式表述原子的信息,Heisenberg 用频率和振幅的新形式[12]

$$x(n,l)e^{i\omega(n,l)t} \tag{5.14}$$

来代替(5.13)式,(5.14)式中 $l = n - \tau$ 与(5.13)式中的各项对应,并且假定 $x(l,n) = x(n,l)^*$ 和 $\omega(l,n) = -\omega(n,l)$成立,这样一种替换是思维的质的飞跃,它将矩阵引入了量子力学,下面的分析会看到 $x(n,l)$就是一个无限维方矩阵。

看一看 $x(t)^2$ 表达式的经典方法和量子论方法的不同,借助于傅里叶变换中

的卷积定理易得

$$x(t)^2 = \sum_{-\infty}^{\infty} {}_{\beta}B_{\beta}(n)\mathrm{e}^{\mathrm{i}\omega(n)\beta t}$$

其中

$$B_{\beta}(n)\mathrm{e}^{\mathrm{i}\omega(n)\beta t} = \sum_{-\infty}^{\infty} {}_{\tau}x_{\tau}(n)x_{\beta-\tau}(n)\mathrm{e}^{\mathrm{i}\omega(n)[\tau+(\beta-\tau)]t} \tag{5.15}$$

由(5.14)式、(5.15)式合理地转译至量子论的形式为

$$B(n,n-\beta)\mathrm{e}^{\mathrm{i}\omega(n,n-\beta)t} = \sum_{-\infty}^{\infty} {}_{\tau}x(n,n-\tau)x(n-\tau,n-\beta)\mathrm{e}^{\mathrm{i}\omega(n,n-\beta)t} \tag{5.16}$$

(5.16)式为 $x^2(t)$的矩阵元,Heisenberg 将(5.15)式转译至(5.16)式的形式不是没有理由的,主要的原因是使其理论满足 Ritz 组合定则(5.12)式的要求。事实上,量子论中的光是原子中电子在初末状态跃迁的结果,经典情况下频率关系为 $\tau\omega(n)+(\beta-\tau)\omega(n)=\beta\omega(n)$,按照 Ritz 组合定则要求,与经典频率关系对应的量子论中频率关系为 $\omega(n,n-\tau)+\omega(n-\tau,n-\beta)=\omega(n,n-\beta)$,按此脚标的对应关系,(5.15)式必然转化成(5.16)式的形式。如果是不同的两个物理量 $x(t)=\sum x_{\tau}\mathrm{e}^{\mathrm{i}\tau\omega t}$, $y(t)=\sum y_{\rho}\mathrm{e}^{\mathrm{i}\rho\omega t}$ 的乘积,经典的形式为

$$z(t) = \sum z_{\tau}\mathrm{e}^{\mathrm{i}\tau\omega t} = \sum_{\tau}\sum_{\sigma}x_{\sigma}y_{\tau-\sigma}\mathrm{e}^{\mathrm{i}[\sigma+(\tau-\sigma)]\omega t} \quad \text{即} \quad z_{\tau} = \sum_{\sigma}x_{\sigma}y_{\tau-\sigma} \tag{5.17}$$

上式转译至量子论为

$$z(n,l) = \sum_{-\infty}^{\infty} {}_{k}x(n,k)y(k,l) \tag{5.18}$$

量子论中两个物理量乘积的表达式(5.18)实质上就是数学上两个矩阵的乘积。

有了量子论中物理量是矩阵的崭新的思想,现在就可以考察一下 Bohr-Sommerfeld 量子化条件

$$\oint p\mathrm{d}q = J(=nh) \tag{5.19}$$

具有的新形式了。为此我们还是从经典表达式(5.13)出发,借助对应原理将量子化条件转译至量子论的表述。由(5.13)式,得

$$m\dot{x} = m\sum_{\tau}x_{\tau}\mathrm{i}\tau\omega(n)\mathrm{e}^{\mathrm{i}\tau\omega(n)t}$$

量子论条件表述为

$$\oint m\dot{x}\mathrm{d}x = \oint m\dot{x}^2\mathrm{d}t = 2\pi m\sum_{-\infty}^{\infty}{}_{\tau}x_{\tau}x_{-\tau}\tau^2\omega(n) = 2\pi m\sum_{-\infty}^{\infty}{}_{\tau}|x_{\tau}|^2\tau^2\omega(n) \tag{5.20}$$

上式用到了关系式 $\delta(\tau+\tau') = \frac{1}{2\pi}\int_0^{2\pi}\mathrm{e}^{\mathrm{i}(\tau+\tau')\omega t}\mathrm{d}(\omega t)$。对应原理要求，量子化条件(5.19)不能和量子动力学一致，用下面的表达式更自然一些：

$$\frac{\mathrm{d}}{\mathrm{d}n}(nh) = \frac{\mathrm{d}}{\mathrm{d}n}\oint p\mathrm{d}q = \frac{\mathrm{d}}{\mathrm{d}n}\oint m\dot{x}^2\mathrm{d}t$$

考虑到(5.20)式，上式为

$$h = 2\pi m\sum_{-\infty}^{\infty}{}_{\tau}\tau\frac{\mathrm{d}}{\mathrm{d}n}(\tau\omega(n)|x_{\tau}|^2) \tag{5.21}$$

现在需要将(5.21)式通过对应原理转译至量子论中。经典频率向量子频率过渡式

$$\tau\omega = \tau\frac{1}{\hbar}\frac{\mathrm{d}E}{\mathrm{d}n}\rightarrow\omega(n,n-\tau)$$

对应原理要求的过渡，即当主量子数 n 很大时光谱的量子频率过渡到经典的频率。参照 Bohr 的频率条件(5.11)式

$$\tau\frac{\mathrm{d}E}{\mathrm{d}n}\rightarrow E(n)-E(n-\tau)$$

$$\Rightarrow\quad\tau\frac{\mathrm{d}f(n)}{\mathrm{d}n}\rightarrow f(n)-f(n-\tau)$$

式中 $f(n)$为任意函数，即 Bohr 对应原理要求将经典情况函数 f 对量子数 n 微商替换为量子论情况下差分的形式。Heisenberg 从 Born 那学到了将(5.21)式转译为满足 Kramers 的色散公式或 Kuhn-Thomas 求和公式[5,6,9,10]的差分形式

$$h = 2\pi m\sum_{-\infty}^{\infty}{}_{\tau}[|x(n+\tau,n)|^2\omega(n+\tau,n)-|x(n,n-\tau)|^2\omega(n,n-\tau)] \tag{5.22}$$

上式也可写为

$$\begin{aligned}\hbar &= m\sum_{-\infty}^{\infty}{}_{\tau}[|x(n+\tau,n)|^2\omega(n+\tau,n)-|x(n,n-\tau)|^2\omega(n,n-\tau)]\\ &= -2m\sum_{-\infty}^{\infty}{}_{\tau}|x(n,n-\tau)|^2\omega(n,n-\tau)\end{aligned} \tag{5.23}$$

(5.23)式为 Heisenberg 量子化条件。

事实上，将 Einstein 自发辐射系数

$$A_k^i = \frac{4(2\pi)^4 \nu_{ki}^3}{3hc^3} e^2 |x_{ki}|^2$$

和 Ladenburg 关系

$$f_{ki} = \frac{3mc^3}{8\pi^2 e^2} \frac{A_k^i}{\nu_{ki}^2}$$

代入到 Kuhn-Thomas 求和规则(5.9)式即得 Heisenberg 量子化条件。因为 Kuhn-Thomas 求和规则是 Bohr 对应原理的产物，所以 Heisenberg 量子化条件是 Bohr 对应原理的必然结果。

Heisenberg 用上述思想考察了非简谐振子，为不失一般性，利用 Heisenberg 的新思想求解谐振子，比较量子力学和经典情况下的谐振子有什么区别。

谐振子的经典运动方程式

$$\ddot{x} + \omega_0^2 x = 0$$

将位置函数(5.13)式带入上式，得

$$\begin{cases} \omega = \omega_0, \quad \tau = \pm 1 \\ x = x_1 e^{i\omega_0 t} + x_{-1}(x_1^*) e^{-i\omega_0 t} \end{cases} \tag{5.24}$$

利用(5.14)式、(5.24)式转译至量子论为

$$x(n, n \pm 1) e^{\mp i\omega_0 t}$$

由上式的振幅矩阵元，可写出振幅的矩阵为

$$\boldsymbol{x} = \begin{pmatrix} 0 & x(0,1)e^{-i\omega_0 t} & 0 & 0 \\ x(1,0)e^{i\omega_0 t} & 0 & x(1,2)e^{-i\omega_0 t} & 0 \\ 0 & x(2,1)e^{i\omega_0 t} & 0 & x(2,3)e^{-i\omega_0 t} \\ \cdots & \cdots & x(3,2)e^{i\omega_0 t} & \cdots \end{pmatrix} \tag{5.25}$$

经典谐振子的能量通过其运动方程积分可得

$$\boldsymbol{E} = \frac{m}{2}(\dot{\boldsymbol{x}}^2 + \omega_0^2 \boldsymbol{x}^2)$$

将(5.25)式代入上式，得

$$\boldsymbol{E} = m\omega_0^2 \begin{bmatrix} x(0,1)x(1,0) & 0 & 0 & \cdots \\ 0 & x(1,0)x(0,1) + x(1,2)x(2,1) & 0 & \cdots \\ 0 & 0 & x(2,1)x(1,2) + x(2,3)x(3,2) & \cdots \\ \cdots & \cdots & \cdots & \cdots \end{bmatrix}$$

(5.26)

量子数 n 对应的激发态的谐振子能级

$$E_n = E_{nm}\delta_{nm} = m\omega_0^2(|x(n,n-1)|^2 + |x(n,n+1)|^2) \tag{5.27}$$

谐振子的 Heisenberg 量子化条件(5.23)式可化为

$$|x(n,n+1)|^2 - |x(n,n-1)|^2 = \frac{\hbar}{2m\omega_0} \tag{5.28}$$

这个递推公式中,必须有一个最低的能态,令 $n=0$,此时 $x(0,-1)=0$,于是

$$|x(0,1)|^2 = \frac{\hbar}{2m\omega_0}$$

$$|x(1,2)|^2 = 2\frac{\hbar}{2m\omega_0}$$

$$\cdots$$

$$|x(n-1,n)|^2 = n\frac{\hbar}{2m\omega_0}$$

$$|x(n,n+1)|^2 = (n+1)\frac{\hbar}{2m\omega_0}$$

我们得到振幅的矩阵表示

$$\boldsymbol{x} = \sqrt{\frac{\hbar}{2m\omega_0}}\begin{pmatrix} 0 & \sqrt{1}\mathrm{e}^{-\mathrm{i}\omega_0 t} & 0 & 0 & \cdots \\ \sqrt{1}\mathrm{e}^{\mathrm{i}\omega_0 t} & 0 & \sqrt{2}\mathrm{e}^{-\mathrm{i}\omega_0 t} & 0 & \cdots \\ 0 & \sqrt{2}\mathrm{e}^{\mathrm{i}\omega_0 t} & 0 & \sqrt{3}\mathrm{e}^{-\mathrm{i}\omega_0 t} & \cdots \\ \cdots & \cdots & \sqrt{3}\mathrm{e}^{\mathrm{i}\omega_0 t} & \cdots & \cdots \end{pmatrix} \tag{5.29}$$

将上式的振幅矩阵元代入谐振子能量(5.26)式,得

$$\boldsymbol{E} = \hbar\omega_0\begin{pmatrix} 1/2 & 0 & 0 & \cdots \\ 0 & 3/2 & 0 & \cdots \\ 0 & 0 & 5/2 & \cdots \\ \cdots & \cdots & \cdots & \cdots \end{pmatrix} \tag{5.30}$$

量子论中谐振子激发态的能量可由公式(5.27)得到

$$\begin{aligned} E_n &= m\omega_0^2(|x(n,n-1)|^2 + |x(n,n+1)|^2) \\ &= m\omega_0^2(2n+1)\frac{\hbar}{2m\omega_0} = \left(n+\frac{1}{2}\right)\hbar\omega_0 \end{aligned}$$

上式实为(5.30)式的对角元。区别于旧量子论里的 Planck 能级公式 $E=n\hbar\omega_0$,当 $n=0$ 时谐振子的能量并不为零,而是等于 $\hbar\omega_0/2$,这个能量称为**零点能**。

处于激发态 φ_n 数目为 N_n 的简谐振动振子向低能态 φ_m 跃迁发出频率为 ν_{nm} 的光，其光强正比于辐射功率

$$J_{nm} = N_n \frac{4\omega_{nm}^4 e^2}{3c^3} \mid x_{nm} \mid^2$$

由简谐振动的矩阵元

$$\mid x_{nn-1} \mid^2 = \frac{\hbar}{2m\omega_0} n$$

可得简谐振动振子发光的选择定则为 $\Delta n = \pm 1$，光强正比于

$$J_{nn-1} = N_n \frac{2\omega_0^3 e^2 \hbar}{3mc^3} n$$

从 Heisenberg 计算结果知，能量没有非对角矩阵元，而谐振子能量的对角化形式意味着用 Heisenberg 新思想处理谐振子的时候采用的是能量表象。物理量算符 x（见(5.24)式）随时间变化，而量子态不随时间变化（Heisenberg 的计算过程没有明显地展示出量子态的概念），因此计算是在 Heisenberg 绘景（picture）下进行的。综合以上我们终于清楚了，Heisenberg 整个运算过程是在能量表象下 Heisenberg 绘景中进行的。

5.3 两人文章

Heisenberg 发表了他的新力学后，Born 和 Jordan 进一步发展了 Heisenberg 的思想，他们做出的最重要的工作是将 Heisenberg 量子化条件(5.23)式改写为一个更简洁的形式[15]。

Bohr-Sommerfeld 量子化条件(5.19)式可写为

$$J(= nh) = \oint p\mathrm{d}q = \int_0^{2\pi/\omega} p\dot{q}\mathrm{d}t \tag{5.31}$$

动量、位置的经典表达式为

$$p = \sum_\tau p_\tau \mathrm{e}^{\mathrm{i}\tau\omega t}, \quad q = \sum_\tau q_\tau \mathrm{e}^{\mathrm{i}\tau\omega t}$$

显然 $\dot{q} = \sum_\tau \mathrm{i}\omega\tau q_\tau \mathrm{e}^{\mathrm{i}\tau\omega t}$，将这些表达式代入量子化条件的(5.31)式，并在方程的两

边对 J 偏微分，得

$$1 = 2\pi i \sum_{-\infty}^{\infty} \tau \frac{\partial}{\partial J}(q_\tau p_{-\tau}) = 2\pi i \sum_{-\infty}^{\infty} \tau \frac{\partial}{\partial J}(q_\tau p_\tau^*) \tag{5.32}$$

得到上式时用到了关系式 $\delta(\tau+\tau') = \frac{1}{2\pi}\int_0^{2\pi} e^{it(\tau+\tau')\omega t} d(\omega t)$，注意到 $J = nh$，由对应原理可知，(5.32) 式转译至量子论后具有如下的形式：

$$1 = \frac{2\pi i}{h}\sum_{\tau=-\infty}^{\infty}[p^*(n+\tau,n)q(n+\tau,n) - q(n,n-\tau)p^*(n,n-\tau)]$$

$$= \frac{2\pi i}{h}\sum_{\tau=-\infty}^{\infty}[p(n,n+\tau)q(n+\tau,n) - q(n,n-\tau)p(n-\tau,n)] \tag{5.33}$$

物理量 q，p 在量子论中显然是矩阵形式，上式可以写成简洁的形式如下：

$$\boldsymbol{pq} - \boldsymbol{qp} = -i\hbar \quad 或 \quad \boldsymbol{qp} - \boldsymbol{pq} = i\hbar \tag{5.34}$$

式中 $\hbar = h/(2\pi)$。由于位置和动量都是矩阵，令 $\boldsymbol{p} = m\dot{\boldsymbol{q}}$，则

$$q_{nk} = q(n,k)e^{i\omega(nk)t}, \quad p_{nk} = m\dot{q}_{nk} = mi\omega(nk)q(n,k)e^{i\omega(nk)t}$$

将上面两式代入(5.33)式得

$$im\sum_k[\omega(n,k)q(n,k)q(k,n) - q(n,k)\omega(k,n)q(k,n)] = \frac{\hbar}{i}$$

将上式进一步化简，得

$$-2m\sum_k \omega(n,k)\,|\,q(n,k)\,|^2 = \hbar$$

这个结果正是 Heisenberg 量子化条件(5.23)式。位置和坐标之间的对易关系(5.34)式是量子论中最基本的对易关系，Born 认为导出这个关系式是自己一生中最重要的发现。Dirac 从量子 Poisson 括号出发也得到了(5.34)式，不过比 Born、Jordan 稍晚一点。

5.4　三 人 文 章

Heisenberg、Born、Jordan 三人完成了矩阵力学的完整表述，主要内容包括 Heisenberg 的对易关系多自由度推广、Born 的正则变换和 Jordan 的角动量研究[14]。文中设 f 为 q，p 的所有有理函数，由基本对易关系(5.34)式，得

$$\frac{\hbar}{\mathrm{i}}\frac{\partial f}{\partial p} = fq - qf,\quad \frac{\hbar}{\mathrm{i}}\frac{\partial f}{\partial q} = pf - fp \tag{5.35}$$

令 f 等于系统 Hamilton 量 H，Hamilton 正则方程为 $\dot{p} = -\frac{\partial H}{\partial q}, \dot{q} = \frac{\partial H}{\partial p}$，则(5.35)式变为

$$\frac{\hbar}{\mathrm{i}}\dot{q} = Hq - qH,\quad \frac{\hbar}{\mathrm{i}}\dot{p} = Hp - pH \tag{5.36}$$

这样所有 q,p 的有理函数 $O(p,q)$ 的运动方程为

$$\frac{\hbar}{\mathrm{i}}\dot{O} = HO - OH \quad 或 \quad \mathrm{i}\hbar\dot{O} = OH - HO \equiv [O,H] \tag{5.37}$$

事实上关于 q,p 的任何有理函数 $O(p,q)$ 总可以表示为 $O = \sum a_{klmn}p^k q^l p^m q^n$ 的形式，为不失一般性，设 $O = pqpq$，由(5.36)式，得

$$\begin{aligned}\mathrm{i}\hbar\dot{O} &= \mathrm{i}\hbar\frac{d(pqpq)}{dt} = \mathrm{i}\hbar(\dot{p}qpq + p\dot{q}pq + pq\dot{p}q + pqp\dot{q}) \\ &= [p,H]qpq + p[q,H]pq + pq[p,H]q + pqp[q,H] = [O,H]\end{aligned}$$

(5.37)式得证。

运动方程(5.37)最早出现在 Born、Jordan 两人的文章中，而两人对于矩阵函数对矩阵微商的定义不是很恰当，以至于在直角坐标下 Hamilton 量中的变量可分离，作了坐标变换后 Hamilton 量中的变量变得不可分离了，运动方程(5.37)按两人文章中的定义不再成立；运动方程(5.37)也出现在 Heisenberg、Born、Jordan 三人文章中，在三人文章中 Heisenberg 对于矩阵函数对矩阵的微商给出了一个更为合理的定义

$$\frac{\partial f}{\partial \boldsymbol{X}_1} = \lim_{\varepsilon\to 0}\frac{1}{\varepsilon}[f(\boldsymbol{X}_1 + \varepsilon, \boldsymbol{X}_2, \cdots) - f(\boldsymbol{X}_1, \boldsymbol{X}_2, \cdots)]$$

式中 f 是 $\boldsymbol{X}_1, \boldsymbol{X}_2$ 等矩阵的函数，新定义下的矩阵函数对矩阵的微商不论 Hamilton 量能否分离，运动方程(5.37)都能成立，Heisenberg 的定义还能保证正则变换下矩阵微商不变，而两人文章中的定义却不能。运动方程也出现在 Dirac 关于量子力学的第一篇文章中，他是从量子 Poisson 括号角度导出的，方程(5.37)通常称为 Heisenberg 运动方程。该方程是以物理量为时间的函数，从标准量子力学的角度看，实际上是在 Heisenberg 绘景下表示物理量的算符的运动方程。

Heisenberg 运动方程(5.37)和 Bohr 频率条件相吻合，事实上假设经过幺正

变换，Hamilton 量 $\boldsymbol{H}$ 为对角矩阵，其矩阵元 $H_{mn} = H_m \delta_{mn}$，(5.36)式左边矩阵元 mn 为

$$(\boldsymbol{Hq} - \boldsymbol{qH})_{mn} = \sum_k (H_{mk} q_{kn} - q_{mk} H_{kn}) = (H_m - H_n) q_{mn}$$

q_{mn}为坐标矩阵 $\boldsymbol{q}$ 的矩阵元 mn，坐标矩阵可写为 $\boldsymbol{q} = \boldsymbol{q}_a e^{i2\pi\nu t}$（$\boldsymbol{q}_a$ 为振幅矩阵），则(5.36)式右边的矩阵元 mn 为

$$\left(\frac{\hbar}{i}\frac{dq}{dt}\right)_{mn} = \frac{\hbar}{i}(i2\pi\nu_{mn})(\boldsymbol{q}_a e^{i2\pi\nu t})_{mn} = h\nu_{mn} q_{mn}$$

左边和右边相等，我们得到 $H_m - H_n = h\nu_{mn}$，此式正是 Bohr 理论中定态跃迁的频率条件。

三人文章将正则变换引进量子力学，保持对易关系(5.34)式不变的变换为正则变换。一种这类变换为

$$\bar{\boldsymbol{p}} = \boldsymbol{SpS}^{-1}, \quad \bar{\boldsymbol{q}} = \boldsymbol{SqS}^{-1}, \quad \boldsymbol{A}(\bar{\boldsymbol{p}}, \bar{\boldsymbol{q}}) = \boldsymbol{SA}(\boldsymbol{p}, \boldsymbol{q})\boldsymbol{S}^{-1}$$

实量 $\boldsymbol{A}$ 为 Hermite 矩阵，矩阵元满足 $A_{nk} = A_{kn}^*$，相应的正则变换矩阵满足 $\boldsymbol{S}^{-1} = \boldsymbol{S}^+$，即 $\boldsymbol{S}$ 为幺正矩阵。于是求解一个量子力学问题就意味着从某些适当的正则矩阵 $\boldsymbol{p}, \boldsymbol{q}$ 出发，通过正则变换将系统 Hamilton 量对角化。对于 Hermite 二次型对角化问题等价于本征值问题 $\sum_l H_{kl} x_l - E x_k = 0$，以确定所谓的主轴，式中 H_{kl} 为 Hamilton 矩阵元，$(x_1, x_2, x_3, \cdots)$ 为本征矢，用此式研究微扰比用正则变换，形式上更简单。他们还发展了微扰论、定态微扰和含时微扰。

保持对易关系(5.34)式不变的变换为正则变换，而且变换矩阵 $\boldsymbol{S}$ 必须是幺正矩阵。事实上，$\bar{\boldsymbol{p}} = \boldsymbol{SpS}^{-1}$，$\bar{\boldsymbol{q}} = \boldsymbol{SqS}^{-1}$，

$$\begin{aligned} \bar{\boldsymbol{q}}\bar{\boldsymbol{p}} - \bar{\boldsymbol{p}}\bar{\boldsymbol{q}} = i\hbar \quad \Rightarrow \quad & \boldsymbol{SqS}^{-1}\boldsymbol{SpS}^{-1} - \boldsymbol{SpS}^{-1}\boldsymbol{SqS}^{-1} \\ & = \boldsymbol{SqpS}^{-1} - \boldsymbol{SpqS}^{-1} \\ & = i\hbar \boldsymbol{SS}^{-1} = i\hbar \end{aligned} \tag{5.38}$$

相应的正则变换矩阵满足 $\boldsymbol{SS}^{-1} = \boldsymbol{S}^{-1}\boldsymbol{S} = \boldsymbol{I}$，$\boldsymbol{I}$ 为单位矩阵，即 $\boldsymbol{S}$ 为幺正矩阵，$\boldsymbol{S}^{-1} = \boldsymbol{S}^+$。于是求解一个量子力学问题就是通过正则变换将系统 Hamilton 量对角化，

$$\boldsymbol{SHS}^{-1} = \boldsymbol{E}, \quad \boldsymbol{SH} = \boldsymbol{ES} \tag{5.39}$$

式中 $\boldsymbol{E}$ 为对角化的 Hamilton 量。对非简并微扰(5.39)式形式可写为

$$\boldsymbol{H} = \boldsymbol{H}^0 + \lambda \boldsymbol{H}^{(1)} + \lambda^2 \boldsymbol{H}^{(2)} + \cdots$$

$$\boldsymbol{S} = \boldsymbol{S}^0 + \lambda \boldsymbol{S}^{(1)} + \lambda^2 \boldsymbol{S}^{(2)} + \cdots$$

$$\boldsymbol{E} = \boldsymbol{H}^0 + \lambda \boldsymbol{E}^{(1)} + \lambda^2 \boldsymbol{E}^{(2)} + \cdots \tag{5.40}$$

式中 $\boldsymbol{H}^0, \boldsymbol{E}^{(1)}, \boldsymbol{E}^{(2)}$ 均为对角化的 Hamilton 量,将(5.40)式代入(5.39)式可得

$$\lambda^0: \boldsymbol{S}^0 \boldsymbol{H}^0 = \boldsymbol{H}^0 \boldsymbol{S}^0 \tag{5.41}$$

$$\lambda^1: \boldsymbol{S}^0 \boldsymbol{H}^{(1)} + \boldsymbol{S}^{(1)} \boldsymbol{H}^0 = \boldsymbol{H}^0 \boldsymbol{S}^{(1)} + \boldsymbol{E}^{(1)} \boldsymbol{S}^0 \tag{5.42}$$

$$\lambda^2: \boldsymbol{S}^0 \boldsymbol{H}^{(2)} + \boldsymbol{S}^{(1)} \boldsymbol{H}^{(1)} + \boldsymbol{S}^{(2)} \boldsymbol{H}^0 = \boldsymbol{H}^0 \boldsymbol{S}^{(2)} + \boldsymbol{E}^{(1)} \boldsymbol{S}^{(1)} + \boldsymbol{E}^{(2)} \boldsymbol{S}^0 \tag{5.43}$$

由(5.41)式得

$$\sum_i (S^0_{mi} H^0_{in} - H^0_{mi} S^0_{in}) = S^0_{mn} (H^0_{nn} - H^0_{mm}) = 0 \tag{5.44}$$

因为 $H^0_{nn} - H^0_{mm} \neq 0$,所以 $S^0_{mn} = 0$,即 $\boldsymbol{S}^0$ 为对角阵. 再由幺正条件 $\boldsymbol{S}^\dagger \boldsymbol{S} = \boldsymbol{I}$ 得

$$\boldsymbol{S}^{0+} \boldsymbol{S}^0 + \lambda (\boldsymbol{S}^{0+} \boldsymbol{S}^{(1)} + \boldsymbol{S}^{(1)+} \boldsymbol{S}^0) + \cdots = \boldsymbol{I} \tag{5.45}$$

零级近似下有 $\boldsymbol{S}^{0+} \boldsymbol{S}^0 = \boldsymbol{I}$,可取 $\boldsymbol{S}^0 = \boldsymbol{I}$。而一级近似下 $\boldsymbol{S}^{0+} \boldsymbol{S}^{(1)} + \boldsymbol{S}^{(1)+} \boldsymbol{S}^0 = 0$,即 $\boldsymbol{S}^{(1)} + \boldsymbol{S}^{(1)+} = 0$,可得 $\boldsymbol{S}^{(1)}$ 对角元为零,$S^{(1)}_{mm} = 0$。由(5.42)式得

$$H^{(1)}_{mn} + S^{(1)}_{mn} (H^0_{nn} - H^0_{mm}) = E^{(1)}_{mn} \delta_{mn} \tag{5.46}$$

由(5.46)式得能量的一级修正和一级变换矩阵分别为

$$E^{(1)}_{mm} = H^{(1)}_{mm} \quad (m = n) \tag{5.47}$$

$$S^{(1)}_{mn} = \frac{H^{(1)}_{mn}}{H^0_{mm} - H^0_{nn}} \quad (m \neq n) \tag{5.48}$$

由(5.43)式可得

$$H^{(2)}_{mn} + \sum_i S^{(1)}_{mi} H^{(1)}_{in} + S^{(2)}_{mn} (H^0_{nn} - H^0_{mm}) - S^{(1)}_{mn} E^{(1)}_{mm} = E^{(2)}_{mn} \delta_{mn} \tag{5.49}$$

由(5.49)式得能量的二级修正和二级变换矩阵分别为

$$E^{(2)}_{mm} = H^{(2)}_{mm} + \sum_{i(\neq m)}{}' \frac{H^{(1)}_{mi} H^{(1)}_{im}}{H^0_{mm} - H^0_{ii}} = H^{(2)}_{mm} + \sum_{i(\neq m)}{}' \frac{|H^{(1)}_{mi}|^2}{H^0_{mm} - H^0_{ii}} \tag{5.50}$$

$$S^{(2)}_{mn} = -\frac{(H^{(1)}_{mm} - H^{(1)}_{nn}) H^{(1)}_{mn}}{(H^0_{mm} - H^0_{nn})^2} + \frac{H^{(2)}_{mn}}{H^0_{mm} - H^0_{nn}} + \sum_{i(\neq n)}{}' \frac{H^{(1)}_{mi} H^{(1)}_{in}}{(H^0_{mm} - H^0_{nn})(H^0_{mm} - H^0_{ii})} \tag{5.51}$$

从以上表达式的结果看(角标代表能级),矩阵力学的正则变换是在能量表象进行的,其非简并微扰结果和波动力学的结果完全一样。

E.U. Condon 在 20 世纪 60 年代写了一篇回忆性文章——《量子物理六十年》[15],文中谈到这个事实,当 Heisenberg 刚刚创立了自己的理论时,他不知道什

么是矩阵。Born是知道的,但他也所知有限。于是有一天,他们几个人就请教了大数学家D. Hilbert。Hilbert说,他只有在考虑一个微分方程边值问题中的本征值问题时,才会遇到作为副产品的矩阵。Born他们窃笑,以为这是Hilbert一时糊涂,没有听懂他们的话。但Condon后来却说,其实那时不是Hilbert没有听懂Born的话,而是Born他们没有听懂Hilbert的话。因为正如Schrödinger论文题目所表明的那样,也像后来许多量子力学教材所论述的那样,量子力学中的许多问题,从数学上看来恰恰就是一些本征值问题。因此,假如Born他们当时能够认真考虑Hilbert的经验之谈,他们(尤其是精通数学方法的Born)就不是没有可能从本征值问题追溯回去,而就会比Schrödinger早几个月发现量子力学的波动方程了。关于这种情况,Born也有过类似的回忆[16]:“我们已经把能量表示成d/dt,而且……写出了能量和时间的对易关系式,动量和位置的关系也是如此,但我们没有看到这一点。我永远不能原谅自己。因为假如我们看到了这一点,我们就会比Schrödinger早几个月从量子力学得出整个的波动力学了。”

5.5　矩阵力学求解角动量和氢原子

用现代术语来说矩阵力学是Heisenberg绘景下能量表象的量子力学,算符的Heisenberg的运动方程(5.37)式是矩阵力学的核心方程,算符在能量表象下就是矩阵,算符的Heisenberg运动方程也是一个矩阵方程。矩阵力学处理量子力学问题,一般通过正则变换将系统的Hamilton量对角化,即$\boldsymbol{W}=\boldsymbol{SHS}^{-1}$,式中$\boldsymbol{S}$为变换矩阵,$\boldsymbol{W}$为对角化的Hamilton量,其对角的矩阵元就是系统的能量本征值。任意算符$\boldsymbol{O}$也需要相应的正则变换,即$\bar{\boldsymbol{O}}=\boldsymbol{SOS}^{-1}$,事实上$\boldsymbol{SH}(\boldsymbol{O})\boldsymbol{S}^{-1}=\boldsymbol{H}(\boldsymbol{SOS}^{-1})=\boldsymbol{H}(\bar{\boldsymbol{O}})$,于是得$\bar{\boldsymbol{O}}=\boldsymbol{SOS}^{-1}$。变换后的Heisenberg运动方程为

$$\mathrm{i}\hbar\dot{\bar{\boldsymbol{O}}}=\bar{\boldsymbol{O}}\boldsymbol{W}-\boldsymbol{W}\bar{\boldsymbol{O}}\tag{5.52}$$

将(5.52)式两边取(nm)矩阵元,考虑到$\boldsymbol{W}$为对角化矩阵,即$W_{ni}=W_{ni}\delta_{ni}=W_{nn}\delta_{ni}$得

$$\mathrm{i}\hbar\dot{\bar{O}}_{nm}=\bar{O}_{nm}(W_{mm}-W_{nn})=-\hbar\omega_{nm}\bar{O}_{nm}\tag{5.53}$$

(5.53)式的解为

$$\bar{O}_{nm}(t) = \bar{O}_{nm} e^{i\omega_{nm}t} \tag{5.54}$$

算符 $\boldsymbol{O}$ 的矩阵随时间的变化关系为

$$\boldsymbol{O}(t) = \boldsymbol{S}^{-1}(\bar{O}_{nm} e^{i\omega_{nm}t})\boldsymbol{S} \tag{5.55}$$

可见在矩阵力学里力学量矩阵随时间的变化关系比较简单。具体的物理问题往往和力学量矩阵元的模平方成正比，如光谱的强度和原子的位置矩阵元的模平方 $|\boldsymbol{r}_{nm}|^2$ 成正比，力学量矩阵随时间的变化并不显得那么重要，而矩阵力学的主要任务是通过正则变换将系统的 Hamilton 量对角化来获得系统的能量本征值。如何通过变换将系统的 Hamilton 量对角化呢？一般先找到系统相互对易的力学量完全集，取这些力学量为共同表象，则这些力学量同时具有确定的值，然后根据由基本对易关系导出的力学量之间的对易关系和某力学量矩阵元的模平方恒大于或等于零可得这些力学量的量子化的本征值。

作为应用的例子，三人文章导出了有关角动量的许多定理，得到了角动量分量之间的对易关系及角动量平方的本征值为 $J(J+1)\hbar^2$，角动量任意分量的本征值为$(J, J-1, \cdots, -J+1, -J)\hbar$，还发现了角动量的量子数可能是整数也可能是半整数。三人文章还用这种方法验证了已发现的原子光谱强度定则和选择定则，还讨论了 Zeeman 效应和耦合振子等问题。

角动量 $\boldsymbol{M} = \boldsymbol{r} \times \boldsymbol{p}$ 的三个分量为

$$\begin{aligned} M_x &= yp_z - zp_y \\ M_y &= zp_x - xp_z \\ M_z &= xp_y - yp_x \\ \boldsymbol{M}^2 &= \boldsymbol{M} \cdot \boldsymbol{M} = M_x^2 + M_y^2 + M_z^2 \end{aligned} \tag{5.56}$$

由基本对易关系$[x, p_x] = [y, p_y] = [z, p_z] = i\hbar$，得

$$[M_z, x] = i\hbar y, \quad [M_z, y] = -i\hbar x, \quad [M_z, z] = 0 \tag{5.57}$$

$$[M_z, p_x] = i\hbar p_y, \quad [M_z, p_y] = -i\hbar p_x, \quad [M_z, p_z] = 0 \tag{5.58}$$

$$[M_x, M_y] = i\hbar M_z, \quad [M_y, M_z] = i\hbar M_x, \quad [M_z, M_x] = i\hbar M_y \tag{5.59}$$

$$[\boldsymbol{M}^2, M_x] = [\boldsymbol{M}^2, M_y] = [\boldsymbol{M}^2, M_z] = 0 \tag{5.60}$$

当作用到原子上的力为 z 轴对称时，$\dot{M}_z = 0$，M_z 对角矩阵$\langle n | M_z | m \rangle = \delta_{nm} M_{zm}$，$M_z$ 本征值为原子的角动量在 z 轴的分量。由$[M_z, z] = 0$，得 $zM_z - M_z z = 0$，两边取矩阵元

$$\langle n \mid zM_z - M_z z \mid m\rangle = \sum_i \langle n \mid z \mid \mathrm{i}\rangle\langle \mathrm{i} \mid M_z \mid m\rangle - \sum_i \langle n \mid M_z \mid \mathrm{i}\rangle\langle \mathrm{i} \mid z \mid m\rangle = 0$$

M_z 对角化得

$$\langle n \mid z \mid m\rangle M_{zm} - M_{zn}\langle n \mid z \mid m\rangle = \langle n \mid z \mid m\rangle(M_{zm} - M_{zn}) = 0 \tag{5.61}$$

能量表象中$\langle n|z|m\rangle$代表量子跃迁的原子偶极矩矩阵元,由 $M_{zm}-M_{zn}=0$ 可知,原子角动量 z 分量的变化为零,原子发出的光子的角动量垂直于 z 轴。

另外,由$[M_z,x]=\mathrm{i}\hbar y$,$[M_z,y]=-\mathrm{i}\hbar x$,我们可以得到

$$\begin{cases}\langle n \mid x \mid m\rangle(M_{zn} - M_{zm}) = \mathrm{i}\hbar\langle n \mid y \mid m\rangle \\ \langle n \mid y \mid m\rangle(M_{zn} - M_{zm}) = -\mathrm{i}\hbar\langle n \mid x \mid m\rangle\end{cases} \tag{5.62}$$

即

$$[(M_{zn} - M_{zm})^2 - \hbar^2]\langle n \mid \eta \mid m\rangle = 0,\quad \eta = x, y \tag{5.63}$$

由(5.63)式可以看出,量子跃迁后,原子角动量 z 分量的变化为$\pm\hbar$,此时发出的光子的角动量沿 z 轴,从 z 轴看该光子为圆偏振光。综合(5.61)式和(5.63)式我们知道,M_z 的变化为$0,\pm\hbar$。由(5.60)式$[\boldsymbol{M}^2,M_z]=0$,我们可以取($\boldsymbol{M}^2,M_z$)表象,即 $\boldsymbol{M}^2,M_z$ 同时对角化。

定义 $M_\pm = M_x \pm \mathrm{i}M_y$,则有$[M_\pm,M_z]=\mp M_\pm$,得

$$M_+ M_- = \boldsymbol{M}^2 - M_z^2 + M_z\hbar \tag{5.64}$$

$$M_- M_+ = \boldsymbol{M}^2 - M_z^2 - M_z\hbar \tag{5.65}$$

(5.64)式、(5.65)式两边取矩阵元,得

$$\sum_n \langle m \mid M_+ \mid n\rangle\langle n \mid M_- \mid m\rangle = \langle m \mid \boldsymbol{M}^2 - M_z^2 + M_z\hbar \mid m\rangle = \boldsymbol{M}^2 - (M_{zm} - \hbar/2)^2 + \hbar^2/4 \tag{5.66}$$

$$\sum_n \langle m \mid M_- \mid n\rangle\langle n \mid M_+ \mid m\rangle = \langle m \mid \boldsymbol{M}^2 - M_z^2 - M_z\hbar \mid m\rangle = \boldsymbol{M}^2 - (M_{zm} + \hbar/2)^2 + \hbar^2/4 \tag{5.67}$$

(5.66)式、(5.67)式左边均大于或等于零,即 $\sum_n |\langle m \mid M_+ \mid n\rangle|^2$,$\sum_n |\langle m \mid M_- \mid n\rangle|^2 \geqslant 0$,故得

$$\boldsymbol{M}^2 - (M_{zm} - \hbar/2)^2 + \hbar^2/4 \geqslant 0$$

$$\boldsymbol{M}^2 - (M_{zm} + \hbar/2)^2 + \hbar^2/4 \geqslant 0 \tag{5.68}$$

由此可知，当 $\boldsymbol{M}^2$ 固定时，M_{zm} 有一个最大值和一个最小值，从 $\boldsymbol{M}^2 = M_x^2 + M_y^2 + M_z^2 \geqslant M_z^2$ 也能看出这一点。当 M_{zm} 取最大值和最小值时，(5.68)式的等号成立，可令 $M_{zm\,\max} = j\hbar$ 和 $M_{zm\,\min} = -j\hbar$，于是得

$$\boldsymbol{M}^2 - (-j\hbar - \hbar/2)^2 + \hbar^2/4 = 0 \quad \Rightarrow \quad \boldsymbol{M}^2 = j(j+1)\hbar \tag{5.69}$$

而最大值和最小值的差为 $M_{zm\,\max} - M_{zm\,\min} = 2j\hbar$，只能是自然数，故 j 的取值可有两种情况，或者 j 为整数，或者 j 为半整数，而 $-j\hbar \leqslant M_{zm}(=m\hbar) \leqslant j\hbar$。

Pauli 利用三人文章的新力学，借助于 Runge-Lenz 矢量 $\boldsymbol{K} = \frac{\boldsymbol{r}}{r} - \frac{1}{ma}\boldsymbol{p} \times \boldsymbol{L}$，其中 $a = \frac{e^2}{4\pi\varepsilon_0}$，$\boldsymbol{L}$ 为角动量，将能量 H、动量平方 $\boldsymbol{p}^2$、角动量 z 方向分量 L_z 对角化，得到了氢原子能量本征值的 Bohr 公式。不仅如此，Pauli 运用微扰论轻而易举地解决了 Stark 效应和交叉电，磁场作用下氢原子光谱的分裂问题，对于旧量子论一直存在的不可克服的困难[17]。我们简要地列出 Pauli 求解氢原子 Bohr 能级公式的过程，氢原子 Hamilton 量为

$$H = \frac{\boldsymbol{p}^2}{2m} - \frac{a}{r} \tag{5.70}$$

式中 m 为电子质量，$a = \frac{e^2}{4\pi\varepsilon_0}$，束缚态的氢原子总能量小于零。Runge-Lenz矢量为 $\boldsymbol{K} = \frac{\boldsymbol{r}}{r} - \frac{1}{ma}\boldsymbol{p} \times \boldsymbol{L}$，该矢量和 Hamilton 量对易，$[\boldsymbol{K}, H] = 0$ 意味着 Runge-Lenz 矢量为守恒量。Runge-Lenz 矢量满足的对易关系为

$$\boldsymbol{K} \times \boldsymbol{K} = \frac{-2H}{ma^2}\mathrm{i}\hbar\boldsymbol{L} \tag{5.71}$$

定义新的算符矢量

$$\boldsymbol{A} = \left(\frac{ma^2}{-2H}\right)^{1/2}\boldsymbol{K} \tag{5.72}$$

$$\boldsymbol{J} = \frac{1}{2}(\boldsymbol{L} + \boldsymbol{A}) \tag{5.73}$$

可以证明 $\boldsymbol{J}$ 满足的对易关系和角动量满足的对易关系一样，即

$$\boldsymbol{J} \times \boldsymbol{J} = \mathrm{i}\hbar\boldsymbol{J} \tag{5.74}$$

Runge-Lenz 矢量和氢原子能量的关系为

$$\boldsymbol{K}^2 = 1 + \frac{2H}{ma^2}(\boldsymbol{L}^2 + \hbar^2) \tag{5.75}$$

由(5.72)式、(5.73)式和(5.75)式，我们得到

$$\boldsymbol{J}^2 = -\frac{1}{4}\left(\hbar^2 + \frac{ma^2}{2H}\right) \tag{5.76}$$

由(5.76)式，得氢原子能级为

$$-H = \frac{ma^2}{8\left(\boldsymbol{J}^2 + \frac{1}{4}\hbar^2\right)} \tag{5.77}$$

由(5.74)式，我们知道 $\boldsymbol{J}^2 + \hbar^2/4$ 本征值为 $[j(j+1)+1/4]\hbar^2 = (2j+1)^2\hbar^2/4$，其中 $2j+1$ 必为自然数，令 $2j+1 \equiv n$。于是得到氢原子的能级公式为

$$H = -\frac{me^4}{2(4\pi\varepsilon_0\hbar)^2 n^2} \quad (n = 1,2,3,\cdots) \tag{5.78}$$

即 Bohr 氢原子能级公式。

Pauli 关于氢原子的工作证实了三人文章的量子力学至少同旧量子论同样有效，另外也给 Bohr 的原子理论提供了严格的理论依据。Dirac 基于量子泊松括号也建立了量子力学的基本方程(5.37)，并且用它研究了氢原子，部分地解决了氢原子的能级问题，时间上比 Pauli 稍微晚一点[18]。

需要说明的是，矩阵力学通过正则变换求得系统的能量或力学量的本征值，需要寻找高超的技巧、构建合适的物理量、计算繁杂的对易关系，然而能精确可解的系统是十分有限的，如一维谐振子、角动量和氢原子。事实上波动力学精确可解的系统也是很少的。比较重要的是对系统 Hamilton 量进行正则变换 $\boldsymbol{W} = \boldsymbol{SHS}^{-1}$，除了能直接得到可解系统的能量本征值，还可以对受扰动的系统进行微扰计算，如非简并微扰、简并微扰甚至含时微扰，这样矩阵力学就能够解决量子力学的大部分问题。由于注重力学量的对角化，矩阵力学难以解决涉及时间演化的问题，如散射。波动力学却能很方便地处理散射问题，在处理具体问题时波动力学往往比矩阵力学简单得多，这也是波动力学能超越矩阵力学更容易被人们接受的主要原因。

参考文献

[1] Bohr N, Kramers H, Slater J. The quantum theory of radiation[J]. Philosophical Maga-

zine，1924，47：785-802.

[2] Bothe W，Geiger H. Über das wesen des comptoneffekts；ein experimenteller beitrag zur theorie der strahlung[J]. Zeitschrift für Physik，1925，32：639-663.

[3] Compton A，Simon A. Directed quanta of scattered X-rays[J]. Physical Review，1925，26：289-299.

[4] Ladenburg R. Die quantentheoretischedeutung der zahl der dispersionselektronen[J]. Zeitschrift für Physik，1921，4(4)：451-468.

[5] Kramers H. The law of dispersion and Bohr's theory of spectra[J]. Nature，1924，113：673-674.

[6] Kramers H. The quantum theory of dispersion[J]. Nature，1924，114：310-311.

[7] Born M. Über quantenmechanik[J]. Zeitschrift für Physik，1924，26(1)：379-395.

[8] Van Vleck J. The absorption of radiation by multiply periodic orbits and its relation to the correspondence principle and the Rayleigh-Jeans law[J]. Physical Review，1924，24：330-365.

[9] Kuhn W. Über die gesamtstärke der von einem zustande ausgehenden absorptionslinien[J]. Zeitschrift für Physik，1925，33(1)：408-412.

[10] Thomas W. Über die zahl der dispersionselektronen，die einem stationären zustande zugeordnet sind(Vorläufige Mitteilung)[J]. Naturwissenschaften，1925，13：627.

[11] Kramers H，Heisenberg W. Über die streuung von strahlung durch atome[J]. Zeitschrift für Physik，1925，31(1)：681-708.

[12] Heisenberg W. Über quantentheoretische umdeutung kinematischer und mechanischer beziehungen[J]. Zeitschrift für Physik，1925，33：879-893.

[13] Thomas W. Über die zahl der dispersionselektronen，die einem stationären zustande zugeordnet sind[J]. Naturwissenschaften，1925，13：627-627.

[14] Kuhn W. Über die gesamtstärke der von einem zustande ausgehenden absorptionslinien [J]. Zeitschrift für Physik，1925，33：408-412.

[15] Born M，Jordan P. Zur quantenmechanik[J]. Zeitschrift für Physik，1925，34：858-888.

[16] Born M，Heisenberg W，Jordan P. Zur quantenmechanik Ⅱ[J]. Zeitschrift für Physik，1926，35：557-615.

[17] Condon E U. 60 years of quantum physics[J]. Phys. Today，1962，15(10)：37-49.

[18] Mehra J，Rechenberg H. The historical development of quantum theory[M]. New York：Springer-Verlag，1982.

[19] Pauli W. Über das wasserstoffspektrum vom standpunkt der neuen quantenmechanik[J]. Zeitschrift für Physik, 1926, 36: 336-363.

[20] Dirac P. Quantum mechanics and a preliminary investigation of the hydrogen atom[J]. Proceedings of the Royal Society of London, Series A, 1926, 110: 561-569.

第 6 章　Dirac 量子泊松括号

1925 年 9 月，Dirac 的导师 R. Fowler 收到 Heisenberg 基于对应原理的仅使用物理上可观察量建立矩阵力学的文章(一人文章)，Fowler 建议 Dirac 仔细研读这篇文章。Dirac 的注意力被 Heisenberg 文章中神秘的令人费解的数学关系所吸引，几个星期后 Dirac 回到剑桥大学，突然意识到 Heisenberg 文章中的数学形式和经典力学中粒子运动的泊松括号具有相同的结构。从这个想法出发，Dirac 很快地发展了基于非对易动力学变量的量子理论——量子泊松括号，我们看看 Dirac 关于量子泊松括号的工作[1]。

6.1　Dirac 量子泊松括号的提出

经典泊松括号定义为

$$\{A,B\} = \sum_i \left(\frac{\partial A}{\partial q_i}\frac{\partial B}{\partial p_i} - \frac{\partial A}{\partial p_i}\frac{\partial B}{\partial q_i}\right) \tag{6.1}$$

式中 A,B 为物理量，p_i,q_i 为动量和位置。容易证明泊松括号满足的等式为

$$\begin{cases}\{A,B\} = -\{B,A\} \\ \{A,B+C\} = \{A,B\} + \{A,C\} \\ \{A,BC\} = \{A,B\}C + B\{A,C\} \\ \{A,\{BC\}\} + \{B,\{C,A\}\} + \{C,\{A,B\}\} = 0\end{cases} \tag{6.2}$$

最基本的泊松括号从(6.1)式的定义中易得

$$\{q_i,p_j\} = \delta_{ij} = \begin{cases}1, & i = j \\ 0, & i \neq j\end{cases}, \quad \{q_i,q_j\} = \{p_i,p_j\} = 0 \tag{6.3}$$

任意力学量 $A(q,p)$满足的运动学方程为

$$\frac{\mathrm{d}A(q,p)}{\mathrm{d}t} = \sum_i \left(\frac{\partial A}{\partial q_i}\dot{q}_i + \frac{\partial A}{\partial p_i}\dot{p}_i\right)$$

将 Hamilton 正则方程 $\dot{q}_i = \frac{\partial H}{\partial p_i}, \dot{p}_i = -\frac{\partial H}{\partial q_i}$代入上式,得

$$\frac{\mathrm{d}A(q,p)}{\mathrm{d}t} = \sum_i \left(\frac{\partial A}{\partial q_i}\frac{\partial H}{\partial p_i} - \frac{\partial A}{\partial p_i}\frac{\partial H}{\partial q_i}\right) = \{A,H\} \tag{6.4}$$

两个量子物理量的乘积如何过渡到它们的经典泊松括号呢?按 Heisenberg 的观点,量子力学中任意力学量 x 和 y 都应该具有矩阵形式,两个力学量的乘积不满足交换律,即 $xy \neq yx$。我们假设 x 的矩阵元 $x(n,n-\alpha)$的量子数 n 是大数,α 是比 n 小得多的数。这样可以将 x 的矩阵元简写为 $x_{\alpha k} = x(n,n-\alpha)$,$J_r = n_r h$,$r$ 为系统 J 和 w 的自由度,令 $m = n-\alpha-\beta$,这个量 $xy - yx$ 的矩阵元 $(xy-yx)_{nm}$ 的经典对应为

$$\begin{aligned}
& x(n,n-\alpha)y(n-\alpha,n-\alpha-\beta) - y(n,n-\beta)x(n-\beta,n-\alpha-\beta) \\
&\quad = \{x(n,n-\alpha) - x(n-\beta,n-\beta-\alpha)\}y(n-\alpha,n-\alpha-\beta) \\
&\quad\quad - \{y(n,n-\beta) - y(n-\alpha,n-\alpha-\beta)\}x(n-\beta,n-\alpha-\beta) \\
&\quad = h\sum_r \left\{\beta_r \frac{\partial x_{\alpha k}}{\partial J_r} y_{\beta k} - \alpha_r \frac{\partial y_{\beta k}}{\partial J_r} x_{\alpha k}\right\}
\end{aligned} \tag{6.5}$$

当 n 是大量子数,α,β 都是在初态和末态之间跃迁的小量子数时,式中 $y(n-\alpha, n-\alpha-\beta) = y_{\beta k}$,$x(n,n-\alpha) - x(n-\beta,n-\beta-\alpha) = h\sum_r \beta_r \frac{\partial x_{\alpha k}}{\partial J_r}$,同理得到(6.5)式的第二项。注意到 $y_{\beta k} = y_\beta \mathrm{e}^{\mathrm{i}\beta\omega t}$,$w_r = \omega t/(2\pi)$有,$2\pi\mathrm{i}\beta_r y_{\beta k} = 2\pi\mathrm{i}\beta_r y_\beta \mathrm{e}^{\mathrm{i}(\beta\omega)t} = \frac{\partial}{\partial w_r}\{y_\beta \mathrm{e}^{\mathrm{i}(\beta\omega)t}\} = \frac{\partial y_{\beta k}}{\partial w_r}$,因此 $xy - yx$ 的矩阵元 $(xy-yx)_{nm}$ 的经典对应(6.5)式可化为

$$\frac{-\mathrm{i}h}{2\pi}\sum_{\alpha+\beta=n-m}\sum_r \left\{\frac{\partial}{\partial J_r}[x_\alpha \mathrm{e}^{\mathrm{i}(\alpha\omega)t}]\frac{\partial}{\partial w_r}[y_\beta \mathrm{e}^{\mathrm{i}(\beta\omega)t}] - \frac{\partial}{\partial J_r}[y_\beta \mathrm{e}^{\mathrm{i}(\beta\omega)t}]\frac{\partial}{\partial w_r}[x_\alpha \mathrm{e}^{\mathrm{i}(\alpha\omega)t}]\right\} \tag{6.6}$$

式中 α,β 均为小量子数,n,m 为初末大量子数,$\alpha+\beta = n-m$ 为约束条件,第一个求和表示初末态之间各种可能的跃迁求和,第二个求和表示对共轭量 J_r,w_r 自由度求和。$xy - yx$ 整体对应于 $-\frac{\mathrm{i}h}{2\pi}\sum_r \left\{\frac{\partial x}{\partial J_r}\frac{\partial y}{\partial w_r} - \frac{\partial y}{\partial J_r}\frac{\partial x}{\partial w_r}\right\}$,(6.6) 式初末态之

间各种可能跃迁求和已包含在矩阵乘法里面，进一步地，(6.6) 式可化为

$$xy - yx = \frac{\mathrm{i}h}{2\pi}\sum_r \left\{\frac{\partial x}{\partial w_r}\frac{\partial y}{\partial J_r} - \frac{\partial y}{\partial w_r}\frac{\partial x}{\partial J_r}\right\}$$

$$= \frac{\mathrm{i}h}{2\pi}\sum_r \left\{\frac{\partial x}{\partial q_r}\frac{\partial y}{\partial p_r} - \frac{\partial y}{\partial q_r}\frac{\partial x}{\partial p_r}\right\} \equiv \frac{\mathrm{i}h}{2\pi}\{x, y\}$$

式中 p_r, q_r 为系统任意一对共轭量，由于经典泊松括号在正则变换下保持不变，该式成立，即在大量子数情况下量子力学中的 $xy - yx$ 对应于$\frac{\mathrm{i}h}{2\pi}$乘以经典泊松括号$\{x, y\}$，Dirac 依据 Bohr 对应原理进一步假设任何量子数情况下两者也相等，即

$$xy - yx = \mathrm{i}\hbar\{x, y\} \tag{6.7}$$

由此，基本对易关系(6.3)式变为

$$\{q_i, p_j\}_Q \equiv q_i p_j - p_j q_i = \mathrm{i}\hbar\{q_i, p_j\} = \mathrm{i}\hbar\delta_{ij}, \quad \{q_i, q_j\}_Q = \{p_i, p_j\}_Q = 0$$

正是 Born 和 Jordan 借助于 Heisenberg 矩阵思想导出的 $q_i p_j - p_j q_i = \mathrm{i}\hbar\delta_{ij}$，其中 $\hbar$ 为约化 Planck 常数。量子力学中 q, p 的正则方程为

$$\frac{\mathrm{d}q_i}{\mathrm{d}t} = \{q_i, H\} = \frac{q_i H - H q_i}{\mathrm{i}\hbar}$$

$$\frac{\mathrm{d}p_i}{\mathrm{d}t} = \{p_i, H\} = \frac{p_i H - H p_i}{\mathrm{i}\hbar} \tag{6.8}$$

任何 q, p 函数的力学量 $A(q, p)$满足的运动方程应该和(6.8)式具有完全相同的形式，即

$$\frac{\mathrm{d}A(q, p)}{\mathrm{d}t} = \frac{(AH - HA)}{\mathrm{i}\hbar} \tag{6.9}$$

上式就是 Heisenberg、Born、Jordan 矩阵力学中 Heisenberg 运动方程。Dirac 用泊松括号的量子力学研究角动量得到了主要结论，导出了氢原子的能级公式。由于泊松括号的量子力学的基本方程和矩阵力学的方程完全一样，因此可以证明 Dirac 量子泊松括号理论完全和矩阵力学等价。

Dirac 量子力学的量子泊松括号形式和 Heisenberg 矩阵力学一样，其物理量都随时间变化，而量子态不随时间变化，因此实际上都是 Heisenberg 绘景下的处理问题。下面以一维谐振子为例，看看这种绘景下如何求解[2]。

6.2　Dirac量子泊松括号求解一维谐振子

一维谐振子的力学变量只有一个坐标 q 和其共轭动量 p，其Hamilton量为

$$H = \frac{1}{2m}(p^2 + m^2\omega^2 q^2) \tag{6.10}$$

式中 m 为振动粒子的质量，ω 为圆频率。Heisenberg运动方程为

$$\begin{cases} \dot{q} = [q, H]/\mathrm{i}\hbar = \dfrac{p}{m} \\ \dot{p} = [p, H]/\mathrm{i}\hbar = -m\omega^2 q \end{cases} \tag{6.11}$$

为方便，引进无量纲的复数力学变量

$$a = \left(\frac{m\omega}{2\hbar}\right)^{1/2}\left(q + \frac{\mathrm{i}}{m\omega}p\right) \tag{6.12}$$

将(6.12)式代入方程(6.11)，得 $\dot{a} = -\mathrm{i}\omega a$，这个方程积分后给出

$$a = a_0 \mathrm{e}^{-\mathrm{i}\omega t} \tag{6.13}$$

上述结果和经典理论一样。将(6.13)式代入(6.12)式，得

$$a_0 \mathrm{e}^{-\mathrm{i}\omega t} = \left(\frac{m\omega}{2\hbar}\right)^{1/2}\left(q + \frac{\mathrm{i}}{m\omega}p\right), \quad a_0^+ \mathrm{e}^{\mathrm{i}\omega t} = \left(\frac{m\omega}{2\hbar}\right)^{1/2}\left(q - \frac{\mathrm{i}}{m\omega}p\right) \tag{6.14}$$

由(6.14)式，我们得到

$$\hbar\omega a_0^+ a_0 = H - \hbar\omega/2 \tag{6.15}$$

同理得

$$\hbar\omega a_0 a_0^+ = H + \hbar\omega/2 \tag{6.16}$$

由(6.15)式和(6.16)式，得

$$a_0 a_0^+ - a_0^+ a_0 = 1 \tag{6.17}$$

由(6.15)式，得 $\hbar\omega a_0 a_0^+ a_0 = a_0 H - \hbar\omega a_0/2$，由(6.16)式，得 $\hbar\omega a_0 a_0^+ a_0 = H a_0 + \hbar\omega a_0/2$，两式相减，得

$$a_0 H - H a_0 = \hbar\omega a_0 \tag{6.18}$$

由(6.17)式，得对任意正整数 n，

$$a_0 (a_0^+)^n - (a_0^+)^n a_0 = n (a_0^+)^{n-1} \tag{6.19}$$

令 H' 为 H 的一个本征值,而 $|H'\rangle$ 为本征右矢,由(6.15)式,得

$$\hbar\omega\langle H' \mid a_0^+ a_0 \mid H'\rangle = \langle H' \mid H - \hbar\omega/2 \mid H'\rangle = (H' - \hbar\omega/2)\langle H' \mid H'\rangle$$

由于 $\langle H' \mid a_0^+ a_0 \mid H'\rangle$ 为 $a_0 \mid H'\rangle$ 长度的平方,因而 $\langle H' \mid a_0^+ a_0 \mid H'\rangle \geqslant 0$ 同时 $\langle H' | H'\rangle \geqslant 0$,得

$$H' \geqslant \hbar\omega/2 \tag{6.20}$$

由(6.18)式,得

$$Ha_0 \mid H'\rangle = a_0 H \mid H'\rangle - \hbar\omega a_0 \mid H'\rangle = (H' - \hbar\omega) a_0 \mid H'\rangle \tag{6.21}$$

$a|H'\rangle$ 也是 H 的本征右矢,属于本征值 $H' - \hbar\omega$,结合(6.20)式可以推出 H',$H' - \hbar\omega$,$H' - 2\hbar\omega$,…都是本征值,但最小值只能是 $\hbar\omega/2$。事实上,从下面的式子也能看出来,$Ha_0 a_0 |H'\rangle = (a_0 H - \hbar\omega a_0) a_0 |H'\rangle = (H' - 2\hbar\omega) a_0 a_0 |H'\rangle$。

再由(6.18)式复共轭,得

$$Ha_0^+ \mid H'\rangle = a_0^+ H \mid H'\rangle + \hbar\omega a_0^+ \mid H'\rangle = (H' + \hbar\omega) a_0^+ \mid H'\rangle$$

此式表明 $H' + \hbar\omega$,$H' + 2\hbar\omega$,…也是 H 的本征值,$a_0^+ \mid H'\rangle$,$(a_0^+)^2 \mid H'\rangle$,…是本征矢,事实上从式 $Ha_0^+ a_0^+ |H'\rangle = (a_0^+ H + \hbar\omega a_0^+) a_0^+ |H'\rangle = (H' + 2\hbar\omega) a_0^+ a_0^+ |H'\rangle$ 中也能看出。但排除掉 $a_0^+ |H'\rangle = 0$,因为若 $a_0^+ |H'\rangle = 0$,则 $0 = \hbar\omega\langle H' | a_0 a_0^+ | H'\rangle = (H' + \hbar\omega/2)\langle H' | H'\rangle$,得 $H' = -\hbar\omega/2$,该式和(6.20)式矛盾。于是谐振子能量的本征值为

$$\hbar\omega/2, \quad 3\hbar\omega/2, \quad 5\hbar\omega/2, \quad 7\hbar\omega/2, \quad \cdots \tag{6.22}$$

设 $|0\rangle$ 为最小的本征值 $\hbar\omega/2$ 的本征右矢,则有

$$a_0 \,|0\rangle = 0 \tag{6.23}$$

激发态的本征右矢为

$$|0\rangle, \quad a_0^+ \,|0\rangle, \quad (a_0^+)^2 \,|0\rangle, \quad (a_0^+)^3 \,|0\rangle, \quad \cdots \tag{6.24}$$

能量为 $(n + 1/2)\hbar\omega$ 的定态对应于 $(a_0^+)^n |0\rangle$ 的态,这个态就称为第 n 级量子态。由(6.19)式,得 $\langle 0 | a_0^n (a_0^+)^n | 0\rangle = n!$,得归一化的本征函数为

$$|0\rangle, \quad \frac{a_0^+ \,|0\rangle}{\sqrt{1}}, \quad \frac{(a_0^+)^2 \,|0\rangle}{\sqrt{2!}}, \quad \frac{(a_0^+)^3 \,|0\rangle}{\sqrt{3!}}, \quad \cdots$$

即 $\dfrac{(a_0^+)^n |0\rangle}{\sqrt{n!}} = |n\rangle$,$H|n\rangle = (n + 1/2)\hbar\omega |n\rangle$。

写出坐标表象下的波函数,由(6.23)式和(6.14)式可得

$$q_0 = \left(\frac{m\omega}{2\hbar}\right)^{1/2}\left(q_0 + \frac{\mathrm{i}}{m\omega}p_0\right), \quad a_0^+ = \left(\frac{m\omega}{2\hbar}\right)^{1/2}\left(q_0 - \frac{\mathrm{i}}{m\omega}p_0\right)$$

q_0, p_0 为 Schrödinger 绘景下不含时的算符，得 $\left(q_0 + \frac{\mathrm{i}}{m\omega}p_0\right)|0\rangle = 0$，此即 $\langle q'|(p_0 - \mathrm{i}m\omega q_0)|0\rangle = 0$，将 $p_0 = -\mathrm{i}\hbar\partial/\partial q$ 代入，得

$$\left(\hbar \frac{\partial}{\partial q'} + m\omega q'\right)\langle q' \mid 0\rangle = 0 \tag{6.25}$$

由此解得基态波函数 $\langle q'|0\rangle = (m\omega/(\pi\hbar))^{1/4}\mathrm{e}^{-m\omega q'^2/(2\hbar)}$。激发态波函数这样来求

$$\begin{aligned}\langle q' \mid (a_0^+)^n \mid 0\rangle/\sqrt{n!} &= \left(\frac{m\omega}{2\hbar}\right)^{n/2}\frac{1}{\sqrt{n!}}\langle q' \mid \left(q - \frac{\mathrm{i}}{m\omega}p\right)^n \mid 0\rangle \\ &= \left(\frac{m\omega}{2\hbar}\right)^{n/2}\frac{1}{\sqrt{n!}}\left(q' - \frac{\hbar}{m\omega}\frac{\partial}{\partial q'}\right)^n\langle q' \mid 0\rangle\end{aligned}$$

由 $\frac{(a_0^+)^n|0\rangle}{\sqrt{n!}} = |n\rangle$ 和(6.19)式，得

$$a_0^+ \mid n\rangle = \sqrt{n+1} \mid n+1\rangle, \quad a_0 \mid n\rangle = \sqrt{n} \mid n-1\rangle$$

进而 $\langle n|a_0|n+1\rangle = \sqrt{n+1}\,(n \geqslant 0)$，$\langle m \mid a_0^+ \mid m-1\rangle = \sqrt{m}\,(m \geqslant 1)$，由(6.13)式，得 $\boldsymbol{a}$ 和 $\boldsymbol{a}^+$ 的矩阵表达式：

$$\boldsymbol{a} = \begin{pmatrix} 0 & \sqrt{1}\mathrm{e}^{-\mathrm{i}\omega t} & 0 & 0 & \cdots \\ 0 & 0 & \sqrt{2}\mathrm{e}^{-\mathrm{i}\omega t} & 0 & \cdots \\ 0 & 0 & 0 & \sqrt{3}\mathrm{e}^{-\mathrm{i}\omega t} & \cdots \\ 0 & 0 & 0 & 0 & \cdots \\ \cdots & \cdots & \cdots & \cdots & \cdots \end{pmatrix}, \quad \boldsymbol{a}^+ = \begin{pmatrix} 0 & 0 & 0 & 0 & \cdots \\ \sqrt{1}\mathrm{e}^{\mathrm{i}\omega t} & 0 & 0 & 0 & \cdots \\ 0 & \sqrt{2}\mathrm{e}^{\mathrm{i}\omega t} & 0 & 0 & \cdots \\ 0 & 0 & \sqrt{3}\mathrm{e}^{\mathrm{i}\omega t} & 0 & \cdots \\ \cdots & \cdots & \cdots & \cdots & \cdots \end{pmatrix} \tag{6.26}$$

由(6.12)式，得 $\boldsymbol{q} = \sqrt{\hbar/(2m\omega)}(\boldsymbol{a} + \boldsymbol{a}^+)$，$\boldsymbol{p} = \mathrm{i}\sqrt{\hbar m\omega/2}(\boldsymbol{a}^+ - \boldsymbol{a})$，结合(6.26)式，得 $\boldsymbol{q}, \boldsymbol{p}$ 的矩阵表达式：

$$\boldsymbol{q} = \sqrt{\frac{\hbar}{2m\omega}}\begin{pmatrix} 0 & \sqrt{1}\mathrm{e}^{-\mathrm{i}\omega t} & 0 & 0 & \cdots \\ \sqrt{1}\mathrm{e}^{\mathrm{i}\omega t} & 0 & \sqrt{2}\mathrm{e}^{-\mathrm{i}\omega t} & 0 & \cdots \\ 0 & \sqrt{2}\mathrm{e}^{\mathrm{i}\omega t} & 0 & \sqrt{3}\mathrm{e}^{-\mathrm{i}\omega t} & \cdots \\ 0 & 0 & \sqrt{3}\mathrm{e}^{\mathrm{i}\omega t} & 0 & \cdots \\ \cdots & \cdots & \cdots & \cdots & \cdots \end{pmatrix} \tag{6.27}$$

$$p = \mathrm{i}\sqrt{\frac{\hbar m\omega}{2}}\begin{pmatrix} 0 & -\sqrt{1}\mathrm{e}^{-\mathrm{i}\omega t} & 0 & 0 & \cdots \\ \sqrt{1}\mathrm{e}^{\mathrm{i}\omega t} & 0 & -\sqrt{2}\mathrm{e}^{-\mathrm{i}\omega t} & 0 & \cdots \\ 0 & \sqrt{2}\mathrm{e}^{\mathrm{i}\omega t} & 0 & -\sqrt{3}\mathrm{e}^{-\mathrm{i}\omega t} & \cdots \\ 0 & 0 & \sqrt{3}\mathrm{e}^{\mathrm{i}\omega t} & 0 & \cdots \\ \cdots & \cdots & \cdots & \cdots & \cdots \end{pmatrix} \tag{6.28}$$

从(6.13)式可知力学量算符随时间改变，而量子态$(a_0^+)^n|0\rangle/\sqrt{n!}=|n\rangle$不随时间变化，我们的运算是在能量表象下 Heisenberg 绘景中进行的，(6.27)式和 Heisenberg 最初的结果——第 5 章(5.29)式完全相同。

参考文献

[1] Dirac P. The fundamental equation of quantum mechanics[J]. Proceedings of the Royal Society of London, Series A, 1925, 109: 642-653.

[2] 苏汝铿.量子力学[M].2 版.北京:高等教育出版社,2002.

第 7 章 Schrödinger 波动力学

受 Einstein 光量子理论的启发，1923 年 de Broglie 试着把光的波粒二象性推广到像电子那样的微观粒子，de Broglie 提出“任何运动着的物体都会有一种波动伴随着，不可能将物体的运动和波的传播拆开”。他给出了微观粒子波粒二象性的基本公式[1]

$$E = h\nu, \quad p = \frac{h}{\lambda}$$

当 de Broglie 的博士论文传到瑞士苏黎世时，Schrödinger 做了一个 de Broglie 物质波的报告，报告清楚地介绍了波是怎么和粒子联系起来的，由 de Broglie 公式怎么得到的 Bohr 角动量量子化条件，Debye 做了评注：有了波，就得有个波动方程吧。几个星期后，Schrödinger 果然给出了一个方程，就是 Schrödinger 方程。

7.1 Schrödinger 波动力学的建立

在 1926 年 Schrödinger 第一篇波动力学的文章中使用经典力学的 Hamilton 理论，建立了定态的波动方程，给出了氢原子的 Bohr 能级公式，并力图掩盖与 de Broglie 物质波的联系[2]。我们来看看定态 Schrödinger 方程的建立过程。

氢原子的 Hamilton 函数为

$$H = \frac{1}{2m}(p_x^2 + p_y^2 + p_z^2) - \frac{e^2}{4\pi\varepsilon_0 r}$$

经典力学的 Hamilton-Jocobi 方程可写为

$$\frac{1}{2m}\left[\left(\frac{\partial W}{\partial x}\right)^2 + \left(\frac{\partial W}{\partial y}\right)^2 + \left(\frac{\partial W}{\partial z}\right)^2\right] - \frac{e^2}{4\pi\varepsilon_0 r} = E \tag{7.1}$$

式中 $r=\sqrt{x^2+y^2+z^2}$，$W=W(x,y,z)$ 为 Hamilton 作用函数，Schrödinger 对 W 作了个变换

$$W = \hbar \ln \psi \tag{7.2}$$

将(7.2)式代入(7.1)式整理后，可得

$$\left(\frac{\partial\psi}{\partial x}\right)^2+\left(\frac{\partial\psi}{\partial y}\right)^2+\left(\frac{\partial\psi}{\partial z}\right)^2-\frac{2m}{\hbar^2}\left(E+\frac{e^2}{4\pi\varepsilon_0 r}\right)\psi^2=0 \tag{7.3}$$

Schrödinger 认为电子为非经典粒子，具有波粒二象性，粒子性体现在由 Hamilton-Jocobi 方程和变换(7.2)导出的(7.3)式，波动性体现在将(7.3)式的左边视为电子波的 Lagrange 密度，因此氢原子中电子的动力学方程应从下面的变分得来：

$$\delta I=\delta\iiint\left[\left(\frac{\partial\psi}{\partial x}\right)^2+\left(\frac{\partial\psi}{\partial y}\right)^2+\left(\frac{\partial\psi}{\partial z}\right)^2-\frac{2m}{\hbar^2}\left(E+\frac{e^2}{4\pi\varepsilon_0 r}\right)\psi^2\right]\mathrm{d}x\mathrm{d}y\mathrm{d}z=0 \tag{7.4}$$

上式变分的过程如下：

$$\begin{aligned}
\delta I&=\delta\iiint\left[\left(\frac{\partial\psi}{\partial x}\right)^2+\left(\frac{\partial\psi}{\partial y}\right)^2+\left(\frac{\partial\psi}{\partial z}\right)^2-\frac{2m}{\hbar^2}\left(E+\frac{e^2}{4\pi\varepsilon_0 r}\right)\psi^2\right]\mathrm{d}x\mathrm{d}y\mathrm{d}z\\
&=\iiint\left[2\frac{\partial\psi}{\partial x}\delta\left(\frac{\partial\psi}{\partial x}\right)+2\frac{\partial\psi}{\partial y}\delta\left(\frac{\partial\psi}{\partial y}\right)+2\frac{\partial\psi}{\partial z}\delta\left(\frac{\partial\psi}{\partial z}\right)-\frac{2m}{\hbar^2}\left(E+\frac{e^2}{4\pi\varepsilon_0 r}\right)2\psi\delta\psi\right]\\
&\quad\times\mathrm{d}x\mathrm{d}y\mathrm{d}z\\
&=\iiint\left[2\frac{\partial\psi}{\partial x}\frac{\mathrm{d}(\delta\psi)}{\mathrm{d}x}+2\frac{\partial\psi}{\partial y}\frac{\mathrm{d}(\delta\psi)}{\mathrm{d}y}+2\frac{\partial\psi}{\partial z}\frac{\mathrm{d}(\delta\psi)}{\mathrm{d}z}-\frac{2m}{\hbar^2}\left(E+\frac{e^2}{4\pi\varepsilon_0 r}\right)2\psi\delta\psi\right]\\
&\quad\times\mathrm{d}x\mathrm{d}y\mathrm{d}z\\
&=\iiint 2\frac{\partial\psi}{\partial x}\mathrm{d}(\delta\psi)\mathrm{d}y\mathrm{d}z+2\frac{\partial\psi}{\partial y}\mathrm{d}(\delta\psi)\mathrm{d}x\mathrm{d}z+2\frac{\partial\psi}{\partial z}\mathrm{d}(\delta\psi)\mathrm{d}x\mathrm{d}y\\
&\quad-\frac{2m}{\hbar^2}\left(E+\frac{e^2}{4\pi\varepsilon_0 r}\right)2\psi\delta\psi\mathrm{d}x\mathrm{d}y\mathrm{d}z
\end{aligned} \tag{7.5}$$

我们对式中第一项作分部积分，得

$$\int\frac{\partial\psi}{\partial x}\mathrm{d}(\delta\psi)=\frac{\partial\psi}{\partial x}\delta\psi\ \Big|_1^2-\int\delta\psi\mathrm{d}\frac{\partial\psi}{\partial x}=\frac{\partial\psi}{\partial x}\delta\psi\ \Big|_{-\infty}^{+\infty}-\int\frac{\partial^2\psi}{\partial x^2}\delta\psi\mathrm{d}x$$

对(7.5)式中的前三项都作分部积分，得

$$\delta I=\iiint 2\left[\frac{\partial\psi}{\partial x}\delta\psi\mathrm{d}y\mathrm{d}z+\frac{\partial\psi}{\partial y}\delta\psi\mathrm{d}x\mathrm{d}z+\frac{\partial\psi}{\partial z}\delta\psi\mathrm{d}x\mathrm{d}y\right]$$

$$+\iiint\left[-2\left(\frac{\partial^2\psi}{\partial x^2}+\frac{\partial^2\psi}{\partial y^2}+\frac{\partial^2\psi}{\partial z^2}\right)-2\frac{2m}{\hbar^2}\left(E+\frac{e^2}{4\pi\varepsilon_0 r}\right)\psi\right]\delta\psi\mathrm{d}x\mathrm{d}y\mathrm{d}z$$

$$=2\oiint\frac{\partial\psi}{\partial n}\delta\psi\mathrm{d}f-2\iiint\left[\frac{\partial^2\psi}{\partial x^2}+\frac{\partial^2\psi}{\partial y^2}+\frac{\partial^2\psi}{\partial z^2}+\frac{2m}{\hbar^2}\left(E+\frac{e^2}{4\pi\varepsilon_0 r}\right)\psi\right]\delta\psi\mathrm{d}x\mathrm{d}y\mathrm{d}z \tag{7.6}$$

上式第一项为包围氢原子的一个封闭曲面的面积分，n 为曲面的法线方向，当 f 取得足够大时，$\psi=0$，$\frac{\partial\psi}{\partial n}=0$，所以第一项面积分等于零。由于 $\delta\psi$ 是任意的变分，因此第二项中的被积函数等于零，即

$$\frac{\partial^2\psi}{\partial x^2}+\frac{\partial^2\psi}{\partial y^2}+\frac{\partial^2\psi}{\partial z^2}+\frac{2m}{\hbar^2}\left(E+\frac{e^2}{4\pi\varepsilon_0 r}\right)\psi=0$$

整理一下得

$$-\frac{\hbar^2}{2m}\left[\frac{\partial^2\psi}{\partial x^2}+\frac{\partial^2\psi}{\partial y^2}+\frac{\partial^2\psi}{\partial z^2}\right]-\frac{e^2}{4\pi\varepsilon_0 r}\psi=E\psi \tag{7.7}$$

(7.7)式正是氢原子的定态 Schrödinger 方程，由该方程 Schrödinger 解出了氢原子的能级就是 Bohr 在 1913 年得到的能级公式，此公式是在稍早几天由 W. Pauli 从 Heisenberg、Born、Jordan、Dirac 建立的矩阵力学中得到的[3]。

Schrödinger 从他的波动方程理论中很自然地得到氢原子能级公式，他不把量子化作为基本假设，他认为量子化的本质是微分方程的本征值问题。引导从 Hamilton-Jacobi 理论建立定态 Schrödinger 方程的变换(7.2)式，Schrödinger 本人没有做任何解释，只是在第二篇文章中提到“把 Kepler 问题作为力学问题的 Hamilton-Jacobi 方程和波动方程之间存在着普遍的对应关系……我们用本身难以理解的变换(7.2)式和同样难以理解的把等于零的表达式(7.3)变为它的空间积分应保持稳定的假设，来描述这一对应关系”，他还表示“对于变换式(7.2)将不再做进一步的讨论”。对于(7.2)式和(7.4)式的来源，他本人不做解释，只好让读者去猜想和理解了。

Schrödinger 波动力学的第二篇文章将几何光学和波动光学的关系做类比，讨论了经典力学和波动力学的关系，利用 de Broglie 物质波的观点，导出了 Schrödinger 方程[4]。人们很早就知道了几何光学是波动光学的短波极限，而最早注意到经典力学和几何光学有很好的类比关系的是 Hamilton。1834 年他发现 Hamilton 主函数 S 和光的等相面的运动具有相同的数学结构，这意味着经典力学

可以看成某种波的短波极限。但当时经典力学处于全盛时期，Hamilton 的工作并没有引起注意。我们下面看看力学和光学的相似性。

光的标量波动方程

$$\nabla^2 \Phi - \frac{n^2}{c^2}\frac{\partial^2 \Phi}{\partial t^2} = 0 \tag{7.8}$$

式中 Φ 为电磁场的标势，c 为真空中的光速，n 为介质折射率。方程(7.8)的解可写为

$$\Phi = \exp\{A(\boldsymbol{r}) + \mathrm{i}k_0[L(\boldsymbol{r}) - ct]\} \tag{7.9}$$

式中 $L(\boldsymbol{r})$为光程，$\mathrm{e}^{A(r)}$为振幅，$k_0 = k/n$ 为真空中的波数。算符∇对(7.9)式作用两次得

$$\nabla^2 \Phi = \Phi[\nabla^2 A + \mathrm{i}k_0 \nabla^2 L + (\nabla A)^2 - k_0^2(\nabla L)^2 + 2\mathrm{i}k_0 \nabla A \cdot \nabla L] \tag{7.10}$$

对(7.9)式时间求两次导数，得

$$\frac{\partial^2 \Phi}{\partial t^2} = -\Phi k_0^2 c^2 \tag{7.11}$$

将(7.10)式和(7.11)式代入(7.8)式，得

$$\mathrm{i}k_0[\nabla^2 L + 2\nabla A \cdot \nabla L] + [\nabla^2 A + (\nabla A)^2 - k_0^2(\nabla L)^2 + k_0^2 n^2] = 0$$

A 和 L 都是实数，上式的实部和虚部都应等于零，即

$$\begin{cases} \nabla^2 A + (\nabla A)^2 + k_0^2[n^2 - (\nabla L)^2] = 0 \\ \nabla^2 L + 2\nabla A \cdot \nabla L = 0 \end{cases} \tag{7.12}$$

当光波的波长与介质的任何变化线度相比都很小时，折射率不发生大的变化，这正是几何光学的情况。波长小时，$k_0^2 = \frac{4\pi^2}{\lambda_0^2}$将变得很大，(7.12)式中的$\nabla^2 A + (\nabla A)^2$不再重要，而(7.12)式也可近似用下式表示：

$$(\nabla L)^2 = n^2 \tag{7.13}$$

上式称为光学的**程函方程**，显然程函方程表述的是波动光学短波极限下的几何光学的物理规律。

能量 E 一定时，经典力学的 Hamilton-Jacobi 方程为

$$\frac{1}{2m}\left[\left(\frac{\partial W}{\partial x}\right)^2 + \left(\frac{\partial W}{\partial y}\right)^2 + \left(\frac{\partial W}{\partial z}\right)^2\right] + V = E \tag{7.14}$$

式中 W 为 Hamilton 特征函数，上式也可写为

$$(\nabla W)^2 = 2m(E - V) = p^2 \tag{7.15}$$

光学程函方程(7.13)和 Hamilton-Jacobi 方程(7.15)具有完全相同的数学形式，这是1834年首先由 Hamilton 认可的。既然程函方程是波动光学短波极限的近似，以此类推，人们自然想到了经典力学的 Hamilton-Jacobi 方程也是某种波动的短波近似，对应物质的这种波就是后来发现的 de Broglie 物质波。

在能量 E 一定的条件下，经典力学的 Hamilton-Jacobi 方程为

$$\frac{\partial S(q,t)}{\partial t}+E=0 \tag{7.16}$$

式中 $S(q,t)$ 为 Hamilton 主函数，对上式时间积分得

$$S(q,t)=W(q)-Et \tag{7.17}$$

式中 W 为满足(7.14)式的 Hamilton 特征函数，上式表明等 S 曲面和光的波前类似，等 S 面随着时间的推移将向前运动。初始 t_0 时刻 S 波面的“相位”$S_{t_0}=W_0(q)-Et_0$，$t_0+\mathrm{d}t$ 时刻 S 波面 $S_{t_0+\mathrm{d}t}=(W_0(q)+\mathrm{d}W)-E(t_0+\mathrm{d}t)=S_{t_0}+|\nabla W|\mathrm{d}l-E\mathrm{d}t$，由此得到对应力学的波的速度

$$u=\frac{\mathrm{d}l}{\mathrm{d}t}=\frac{E}{|\nabla W|}=\frac{E}{\sqrt{2m(E-V)}}=\frac{E}{p} \tag{7.18}$$

把光学中(7.9)式中的相位和经典力学结果的(7.17)式右侧相比较，时间 t 前面的系数应差一常数

$$E=\frac{h'}{2\pi}k_0c$$

上式可稍作运算写为

$$E=\frac{h'}{2\pi}k_0c=\frac{h'}{2\pi}c\frac{k}{n}=\frac{h'}{2\pi}v\frac{2\pi}{\lambda}=h'\nu \tag{7.19}$$

即光学和力学的相似性意味着粒子能量与粒子的波的频率相差一常数 h'。由(7.18)式和(7.19)式，可以得到

$$\lambda=\frac{h'}{p} \tag{7.20}$$

(7.19)式和(7.20)式中的常数 h'，是由力学和光学的相似性得到的，它联系着质点能量，动量和质点的波的频率与波长。我们已经知道了 de Broglie 关系 $E=h\nu$ 和 $\lambda=\frac{h}{p}$，显然常数 h' 恰好就等于 Planck 常数 h。

我们知道，标准的波动方程的形式如下：

$$\nabla^2 p - \frac{1}{u^2}\ddot{p} = 0 \tag{7.21}$$

其物理过程如电磁波在不均匀的光学介质中的传播时矢势或标势满足的规律，或一个装在已定外壳中的弹性流体的压力满足的规律，或简单的机械振动在不均匀的介质中振幅满足的规律等，方程(7.21)中的 u 表示波的传播速度。求解方程(7.21)的标准方法就是分离变量，令

$$p(x,y,z,t) = \psi(x,y,z)\mathrm{e}^{\pm 2\pi \mathrm{i}\nu t}$$

de Broglie 波也必须有某个量 p 满足像方程(7.21)那样的标准波动方程。由于 de Broglie 关系 $\lambda = h/p = h/\sqrt{2m(E-V)}$ 和 $\nu = E/h$ 得物质波的波速

$$u = \nu\lambda = \frac{E}{\sqrt{2m(E-V)}} \tag{7.22}$$

显然 u 依赖于坐标 x,y,z，同时也依赖能量 E 或者频率($\nu = E/h$)，因此 p 对时间的依赖关系只能是

$$p \sim \mathrm{e}^{\pm 2\pi \mathrm{i}\nu t}$$

$$\ddot{p} = -\frac{4\pi^2 E^2}{h^2}p \tag{7.23}$$

将 u 的表达式(7.22)和(7.23)式代入波动方程(7.21)式，得

$$\nabla^2\psi + \frac{8\pi^2 m}{h^2}(E-V)\psi = 0 \tag{7.24}$$

或者稍微改写一下，即

$$-\frac{\hbar^2}{2m}\nabla^2\psi + V\psi = E\psi \tag{7.25}$$

方程(7.25)被称为定态 Schrödinger 方程，乍一看无法理解，没有边界条件怎么会出现本征频率呢？其实不然，恰恰是由于势能 $V(x,y,z)$ 这个系数的出现起到了通常边界条件所起的作用，即对能量确定值的选择作用，因此求解定态 Schrödinger 方程也会出现本征频率和本征函数。

从“导出”Schrödinger 方程的过程，我们可以清楚地看到 Schrödinger 方程起源于标准的波动方程(7.21)，这是波动力学的“波动”二字的由来。由于 de Broglie 发现的微观粒子具有波动性的事实必然要求新力学中的方程能够描述微观粒子的波动性，因此 Schrödinger 从标准波动方程出发寻找波动力学中的粒子遵循的方程就是一个非常自然而合理的做法了。Schrödinger 用他的方程研究了具有固定

轴的刚性转子、自由转子问题，还研究了双原子分子的振动和转动。

Schrödinger 在“第三次通告”中发展了波动力学的微扰论[5]。他考虑了一些不太容易处理的力学系统，假定 Hamilton 量具有如下形式：

$$H = H_0 + \lambda H' \tag{7.26}$$

相应地 Schrödinger 方程的解的形式为

$$E_n = E_n^{(0)} + \lambda E_n^{(1)} + \lambda^2 E_n^{(2)} + \cdots \tag{7.27}$$

$$\psi_n = \psi_n^{(0)} + \lambda \psi_n^{(1)} + \lambda^2 \psi_n^{(2)} + \cdots \tag{7.28}$$

将上两式代入定态 Schrödinger 方程，得

$$\begin{aligned}&(H_0 + \lambda H')(\psi_n^{(0)} + \lambda \psi_n^{(1)} + \lambda^2 \psi_n^{(2)} + \cdots)\\ &\quad = (E_n^{(0)} + \lambda E_n^{(1)} + \lambda^2 E_n^{(2)} + \cdots)(\psi_n^{(0)} + \lambda \psi_n^{(1)} + \lambda^2 \psi_n^{(2)} + \cdots)\end{aligned} \tag{7.29}$$

比较上式两端 λ 的同次幂，得到各级近似的方程式

$$\begin{cases}\lambda^0: H_0 \psi_n^{(0)} = E_n^{(0)} \psi_n^{(0)} \\ \lambda^1: (H_0 - E_n^{(0)})\psi_n^{(1)} = -(H' - E_n^{(1)})\psi_n^{(0)} \\ \lambda^2: (H_0 - E_n^{(0)})\psi_n^{(2)} = -(H' - E_n^{(1)})\psi_n^{(1)} + E_n^{(2)}\psi_n^{(0)}\end{cases} \tag{7.30}$$

这样就可以通过逐次迭代法求解系统的 Schrödinger 方程。非简并情况下，一级微扰的能级和波函数分别为

$$E_n^{(1)} = H'_{nn} = \int \psi_n^{(0)*} H' \psi_n^{(0)} \mathrm{d}x$$

$$\psi_n^{(1)} = \sum_{k \neq n} \frac{H'_{kn}}{E_n^{(0)} - E_k^{(0)}} \psi_k^{(0)}$$

进一步迭代得到系统的二级微扰能级和波函数分别为

$$E_n^{(2)} = \sum_{l \neq n} \frac{|H'_{ln}|^2}{E_n^{(0)} - E_l^{(0)}}$$

$$\begin{aligned}\psi_n^{(2)} = &\sum_{k \neq n} \left\{ \sum_{l \neq n} \frac{H'_{kl} H'_{ln}}{(E_n^{(0)} - E_k^{(0)})(E_n^{(0)} - E_l^{(0)})} - \frac{H'_{kn} H'_{nn}}{(E_n^{(0)} - E_k^{(0)})^2} \right\} \psi_k^{(0)} \\ &- \frac{1}{2} \sum_{m \neq n} \frac{|H'_{mn}|^2}{(E_n^{(0)} - E_m^{(0)})^2} \psi_n^{(0)}\end{aligned}$$

对于简并微扰，归结为求解久期方程

$$\det |H'_{n\mu, n\nu} - E^{(1)} \delta_{\mu\nu}| = 0$$

上式中 Hamilton 矩阵元为

$$H'_{n\mu, n\nu} = \int \psi_{n\mu}^{(0)*} H' \psi_{n\nu}^{(0)} \mathrm{d}\tau$$

由简并微扰论 Schrödinger 得到和实验结果吻合的氢原子的 Stark 效应，得到了选择定则及光谱线强度。

定态 Schrödinger 方程仅仅提供振幅在空间的分布，在 Schrödinger 关于波动力学的第四篇文章中指出 ψ 对时间的依赖总是由下式决定[6]：

$$\psi \sim e^{\mp\frac{2\pi i E t}{h}} \tag{7.31}$$

频率 E 在方程中出现，事实上定态 Schrödinger 方程是一组方程，每个方程只对一个特殊本征频率(能量)成立。如何找到像标准波动方程 $\nabla^2 p - \frac{1}{u^2}\ddot{p} = 0$ 那样的含时方程呢？做法很简单，只要消除掉定态 Schrödinger 方程中的能量 E 即可，由(7.31)式得

$$\dot{\psi} = \mp \frac{2\pi i E}{h}\psi$$

$$E\psi = \pm \frac{h}{2\pi} i \dot{\psi}$$

将上式代入定态 Schrödinger 方程(7.25)消去 E，得

$$\nabla^2 \psi - \frac{8\pi^2 m V}{h^2}\psi \pm \frac{4\pi m i}{h}\dot{\psi} = 0$$

稍微改写一下，得

$$-\frac{\hbar^2}{2m}\nabla^2 \psi + V\psi = \pm i\hbar\dot{\psi}$$

波函数 ψ 和其复共轭 ψ^* 必定满足上式中某个方程，Schrödinger 把上式中的 + 号给了波函数 ψ 本身，把 − 号给了波函数的复共轭 ψ^*，这样 Schrödinger 得到了最终的含时 Schrödinger 方程，即

$$i\hbar \frac{\partial \psi}{\partial t} = -\frac{\hbar^2}{2m}\nabla^2 \psi + V\psi \tag{7.32}$$

从导出含时 Schrödinger 方程的过程看，波函数必定是复数。Schrödinger 将方程(7.32)作为具有变化频率(能量)的波的基本方程，他用这个方程处理了与时间有关的势能的系统，并由此建立了色散理论。Schrödinger 还将他的方程做了相对论推广，推广后的方程习惯上被称为 Klein-Gordon 方程。

一般势能不显含时间，可以采用分离变量法将波函数写成时间部分和空间部分的乘积，含时 Schrödinger 方程化为空间波函数的定态 Schrödinger 方程和时间波函数的方程，而时间波函数一般都具有这个形式 $e^{-iEt/\hbar}$。

事实上令(7.32)式中的波函数为 $\Psi(\boldsymbol{r},t)=\psi(\boldsymbol{r})T(t)$,代入(7.32)式,得

$$\frac{\mathrm{i}\hbar}{T}\frac{\mathrm{d}T}{\mathrm{d}t}=\frac{1}{\psi}\left[-\frac{\hbar^2}{2m}\nabla^2+V\right]\psi\equiv E$$

式子左边只和时间有关,而右边只和空间坐标有关,唯一的可能就是该方程等于某个常数 E,该常数和时间、空间坐标都无关,于是有

$$\left[-\frac{\hbar^2}{2m}\nabla^2+V(\boldsymbol{r})\right]\psi(\boldsymbol{r})=E\psi(\boldsymbol{r}) \tag{7.33}$$

即定态 Schrödinger 方程,有

$$\frac{\mathrm{i}\hbar}{T}\frac{\mathrm{d}T}{\mathrm{d}t}=E$$

$$T(t)=T_0\mathrm{e}^{-\mathrm{i}Et/\hbar} \tag{7.34}$$

解出定态 Schrödinger 方程的空间波函数 $\psi(\boldsymbol{r})$再乘以 $\mathrm{e}^{-\mathrm{i}Et/\hbar}$就可以得到微观粒子总的波函数$\psi(\boldsymbol{r})\mathrm{e}^{-\mathrm{i}Et/\hbar}$,与自由粒子波函数比较发现,这个常数 E 就是体系的总能量即粒子的动能和系统的势能之和。

7.2 波动力学与矩阵力学的等价性

1926 年 Schrödinger、Pauli、Eckart 各自独立证明了波动力学和矩阵力学的等价性[7,8]。

我们采用 Schrödinger 的思路从以下几个方面证实两种力学的等价性。

在矩阵力学中任何两个力学量相乘满足矩阵的乘法$(\boldsymbol{FG})_{nm}=\sum_l F_{nl}G_{lm}$,波动力学可以证明它。事实上在坐标空间取一套正交完备归一基 $u_1(q),u_2(q)$,$u_3(q),\cdots$,两个力学量的矩阵元分别为

$$F_{nl}=\int u_n^*(q)\boldsymbol{F}u_l(q)\mathrm{d}q,\quad G_{lm}=\int u_l^*(q)\boldsymbol{G}u_m(q)\mathrm{d}q$$

则得

$$\begin{aligned}\sum_l F_{nl}G_{lm}&=\sum_l\int u_n^*(q)\boldsymbol{F}u_l(q)\mathrm{d}q\int u_l^*(q')\boldsymbol{G}u_m(q')\mathrm{d}q'\\&=\sum_l\int[(\boldsymbol{F}u_n(q))^*u_l(q)]\mathrm{d}q\int[u_l^*(q')(\boldsymbol{G}u_m(q'))]\mathrm{d}q'\end{aligned}$$

$$= \int (\boldsymbol{F}u_n(q))^* (\boldsymbol{G}u_m(q))\mathrm{d}q$$

$$= \int u_n^*(q)\boldsymbol{FG}u_m(q)\mathrm{d}q = (\boldsymbol{FG})_{nm}$$

命题得证,证明的过程中我们使用了 $\boldsymbol{F}$ 算符、$\boldsymbol{G}$ 算符的厄米性和基矢的完备性关系

$$\sum_l \int fu_l(q)\mathrm{d}q \cdot \int gu_l^*(q')\mathrm{d}q' = \int fg\mathrm{d}q$$

矩阵力学有基本对易关系

$$\sum_{l=-\infty}^{\infty}[p(n,l)q(l,n) - q(n,l)p(l,n)] = -\mathrm{i}\hbar$$

波动力学也能证明这个关系,坐标空间中动量算符为

$$p = -\mathrm{i}\hbar \frac{\partial}{\partial q}$$

于是得到动量算符和坐标 q 算符的对易关系

$$pq - qp = -\mathrm{i}\hbar$$

在坐标空间取一套正交完备归一基 $u_1(q), u_2(q), u_3(q), \cdots$,在此基矢下动量矩阵元为

$$p(nl) = \int u_n^* \frac{\hbar}{\mathrm{i}} \frac{\partial}{\partial q} u_l \mathrm{d}q$$

坐标矩阵元为

$$q(ln) = \int u_l^* q u_n \mathrm{d}q$$

于是得

$$\sum_{l=-\infty}^{\infty}[p(n,l)q(l,n) - q(n,l)p(l,n)]$$

$$= \sum_{l=-\infty}^{\infty}\left(\int u_n^* \frac{\hbar}{\mathrm{i}} \frac{\partial}{\partial q} u_l \mathrm{d}q \int u_l^* q' u_n \mathrm{d}q' - \int u_n^* q u_l \mathrm{d}q \int u_l^* \frac{\hbar}{\mathrm{i}} \frac{\partial}{\partial q'} u_n \mathrm{d}q'\right)$$

$$= \sum_{l=-\infty}^{\infty}\left[\int \left(\frac{\hbar}{\mathrm{i}} \frac{\partial}{\partial q} u_n\right)^* u_l \mathrm{d}q \int u_l^* (q' u_n) \mathrm{d}q'\right.$$

$$\left. - \int (qu_n)^* u_l \mathrm{d}q \int u_l^* \left(\frac{\hbar}{\mathrm{i}} \frac{\partial}{\partial q'} u_n\right) \mathrm{d}q'\right]$$

$$= \int u_n^* \left(\frac{\hbar}{\mathrm{i}} \frac{\partial}{\partial q} q\right) u_n \mathrm{d}q - \int u_n^* \left(q \frac{\hbar}{\mathrm{i}} \frac{\partial}{\partial q}\right) u_n \mathrm{d}q$$

$$= \int u_n^* \left(\frac{\hbar}{\mathrm{i}}\right) u_n \mathrm{d}q = -\mathrm{i}\hbar$$

上式即是矩阵力学的基本对易关系，证明的过程中我们使用了位置、动量算符的厄米性和基矢的完备性关系。

还可以用波动力学证明矩阵力学中力学量矩阵的 Heisenberg 运动方程

$$\mathrm{i}\hbar\dot{\boldsymbol{o}} = \boldsymbol{oW} - \boldsymbol{Wo}$$

式中 $\boldsymbol{o}$ 为力学量在能量表象下的矩阵，$\boldsymbol{W}$ 为对角化的 Hamilton 量。为此在坐标空间取正交完备归一的基矢 $u_1(q), u_2(q), u_3(q), \cdots$ 为能量本征函数，则有

$$\begin{aligned}(\boldsymbol{oH} - \boldsymbol{Ho})_{nm} &= \sum_l \left[\int u_n^*(q)\boldsymbol{o}u_l(q)\mathrm{d}q \int u_l^*(q')\boldsymbol{H}u_m(q')\mathrm{d}q'\right.\\ &\quad \left. - \int u_n^*(q)\boldsymbol{H}u_l(q)\mathrm{d}q \int u_l^*(q')\boldsymbol{o}u_m(q')\mathrm{d}q'\right]\\ &= \sum_l [o_{nl}W_m\delta_{lm} - W_l\delta_{nl}o_{lm}] = (\boldsymbol{oW} - \boldsymbol{Wo})_{nm}\\ &= (W_m - W_n)o_{nm} \end{aligned} \tag{7.35}$$

又矩阵力学的基本假设

$$o_{nm}(t) = o_{nm}\mathrm{e}^{\mathrm{i}\omega_{nm}t}$$

式中跃迁频率满足 Bohr 频率条件 $\hbar\omega_{nm} = W_n - W_m$，由此可得

$$\mathrm{i}\hbar\dot{o}_{nm} = \mathrm{i}\hbar(\mathrm{i}\omega_{nm})o_{nm} = -\hbar\omega_{nm}o_{nm} = (W_m - W_n)o_{nm} \tag{7.36}$$

由(7.35)和(7.36)两式我们得到了力学量矩阵元的 Heisenberg 运动方程

$$\mathrm{i}\hbar\dot{o}_{nm} = (\boldsymbol{oW} - \boldsymbol{Wo})_{nm}$$

进而得到力学量矩阵的 Heisenberg 运动方程

$$\mathrm{i}\hbar\dot{\boldsymbol{o}} = \boldsymbol{oW} - \boldsymbol{Wo}$$

从上述论证看 Schrödinger 波动力学和 Heisenberg、Born、Jordan 矩阵力学确实是等价的。

1926 年 Dirac 和 Jordan 独立完成了变换理论(表象理论)将矩阵力学和波动力学统一起来，得到了量子力学的各种不同的形式，具体来说体系的量子态可以用不同的表象描述，而不同表象间通过一个幺正变换相联系[9,10]。还是在 1926 年，Born 阐明了波函数的统计解释，即波函数的模平方 $|\psi|^2 = \psi^*\psi$ 表示发现粒子的概率[11]。1927 年 Heisenberg 发现不确定关系[12]，即位置和动量不能同时具有确定的值，

$$\Delta x \Delta p_x \geqslant \hbar/2$$

非相对论量子力学的理论在1925～1927年已全部完成，从此两种理论统称为量子力学，不再保留各自的名称。

7.3 Dirac-Jordan 表象变换理论

1925年 Heisenberg、Born 和 Jordan 建立了完整的矩阵力学，1926年 Schrödinger 建立了波动力学，同年 Pauli、Schrödinger 和 Eckart 都证明了两种力学是等价的。虽然两种力学被证明是等价的，但两者的形式依然迥异。1926年，Dirac 和 Jordan 各自独立地建立表象变换理论，实现了矩阵力学和波动力学有机的统一[9,10]。Jordan 的文章偏数学化，非常难懂；Dirac 的文章偏物理化，逻辑通畅，杨振宁赞誉 Dirac 的文章"秋水文章不染尘"。不过 Dirac 喜欢发明一些数学符号，他的文章也不是那么浅显易懂。表象变换理论是矩阵力学的发展，它认为力学量矩阵的行和列可以是任何两个表象的参数，行和列不是通常地取分立的值，而是在一定范围内连续变化，矩阵可以从一个表象变换到另一个表象。

7.3.1 位置、动量算符

矩阵力学中力学量矩阵应该满足如下四个条件：

① 量子化条件 $q_r p_r - p_r q_r = \mathrm{i}\hbar$，$r$ 表示系统的某个自由度。

② 任何力学量矩阵 $\boldsymbol{g}$ 的海森堡运动方程

$$\mathrm{i}\hbar \frac{\mathrm{d}\boldsymbol{g}}{\mathrm{d}t} = \boldsymbol{gH} - \boldsymbol{Hg}$$

如果 $\boldsymbol{g}$ 显含时间，方程变为

$$\mathrm{i}\hbar \frac{\mathrm{d}\boldsymbol{g}}{\mathrm{d}t} = \mathrm{i}\hbar \frac{\partial \boldsymbol{g}}{\partial t} + \boldsymbol{gH} - \boldsymbol{Hg}$$

③ Hamilton 矩阵 $\boldsymbol{H}$ 是对角的。

④ 力学量矩阵是厄米的。

为了表示表象的普遍性，这里用 ξ_r 表示广义位置，用 η_r 表示广义位置的共轭

量-广义动量，显然我们得到 $\xi_r\mu_r - \eta_r\xi_r = \mathrm{i}\hbar$. 在($\xi$)表象中，满足量子化条件的动量算符为

$$\eta_r = -\mathrm{i}\hbar\frac{\partial}{\partial\xi_r}$$

即

$$\begin{aligned}\langle\xi'\mid\eta_r\mid\xi''\rangle &= -\mathrm{i}\hbar\frac{\partial}{\partial\xi_r'}\delta(\xi_1'-\xi_1'')\delta(\xi_2'-\xi_2'')\cdots\delta(\xi_r'-\xi_r'')\cdots \\ &\equiv -\mathrm{i}\hbar\frac{\partial}{\partial\xi_r'}\delta(\xi'-\xi'')\end{aligned} \tag{7.37}$$

不失一般性，只考虑一个自由度来验证动量算符满足量子条件，

$$\begin{aligned}&\langle\xi'\mid\xi\eta-\eta\xi\mid\xi''\rangle \\ &= \int[\langle\xi'\mid\xi\mid\xi'''\rangle\langle\xi'''\mid\eta\mid\xi''\rangle - \langle\xi'\mid\eta\mid\xi'''\rangle\langle\xi'''\mid\xi\mid\xi''\rangle]\mathrm{d}\xi''' \\ &= (-\mathrm{i}\hbar)\int\left[\xi'\delta(\xi'-\xi''')\frac{\partial\delta(\xi'''-\xi'')}{\partial\xi'''} - \frac{\partial\delta(\xi'-\xi''')}{\partial\xi'}\xi'''\delta(\xi'''-\xi'')\right]\mathrm{d}\xi''' \\ &= (-\mathrm{i}\hbar)\int\left[\xi'\delta(\xi'-\xi''')\frac{\partial\delta(\xi'''-\xi'')}{\partial\xi'''} + \frac{\partial\delta(\xi'-\xi''')}{\partial\xi'''}\xi'''\delta(\xi'''-\xi'')\right]\mathrm{d}\xi''' \\ &= (-\mathrm{i}\hbar)\int\left\{\xi'\delta(\xi'-\xi''')\frac{\partial\delta(\xi'''-\xi'')}{\partial\xi'''} - \delta(\xi'-\xi''')\frac{\partial[\xi'''\delta(\xi'''-\xi'')]}{\partial\xi'''}\right\}\mathrm{d}\xi'''\end{aligned} \tag{7.38}$$

(7.38)式插入了单位算符 $I = \int|\xi'''\rangle\langle\xi'''|\mathrm{d}\xi'''$，使用了力学量算符 ξ、η 的厄米性，其中第二项采用了分部积分。将(7.38)式第二项展开可得

$$\begin{aligned}\langle\xi'\mid\xi\eta-\eta\xi\mid\xi''\rangle = (-\mathrm{i}\hbar)\int\Big[&(\xi'-\xi''')\delta(\xi'-\xi''')\frac{\partial\delta(\xi'''-\xi'')}{\partial\xi'''} \\ &-\delta(\xi'-\xi''')\delta(\xi'''-\xi'')\Big]\mathrm{d}\xi'''\end{aligned} \tag{7.39}$$

由于 $(\xi'-\xi''')\delta(\xi'-\xi''')=0$，得到

$$\langle\xi'\mid\xi\eta-\eta\xi\mid\xi''\rangle = \mathrm{i}\hbar\delta(\xi'-\xi'') \tag{7.40}$$

这个关系正是我们期望的(ξ)表象中的量子化条件。

在(η)表象中，满足量子化条件的位置算符为 $\xi = \mathrm{i}\hbar\dfrac{\partial}{\partial\eta}$，也能得到量子化条件。事实上

$$\begin{aligned}&\langle\eta'\mid\xi\eta-\eta\xi\mid\eta''\rangle \\ &= \int[\langle\eta'\mid\xi\mid\eta'''\rangle\langle\eta'''\mid\eta\mid\eta''\rangle - \langle\eta'\mid\eta\mid\eta'''\rangle\langle\eta'''\mid\xi\mid\eta''\rangle]\mathrm{d}\eta'''\end{aligned}$$

$$= \mathrm{i}\hbar\int\left[\frac{\partial\delta(\eta' - \eta''')}{\partial\eta'}\eta'''\delta(\eta''' - \eta'') - \eta'\delta(\eta' - \eta''')\frac{\partial\delta(\eta''' - \eta'')}{\partial\eta'''}\right]\mathrm{d}\eta'''$$

$$= \mathrm{i}\hbar\int\left[-\frac{\partial\delta(\eta' - \eta''')}{\partial\eta'''}\eta'''\delta(\eta''' - \eta'') - \eta'\delta(\eta' - \eta''')\frac{\partial\delta(\eta''' - \eta'')}{\partial\eta'''}\right]\mathrm{d}\eta'''$$

$$= \mathrm{i}\hbar\int\left\{\delta(\eta' - \eta''')\frac{\partial[\eta'''\delta(\eta''' - \eta'')]}{\partial\eta'''} - \eta'\delta(\eta' - \eta''')\frac{\partial\delta(\eta''' - \eta'')}{\partial\eta'''}\right\}\mathrm{d}\eta''' \tag{7.41}$$

(7.41)式插入了单位算符 $I = \int |\eta'''\rangle\langle\eta'''|\mathrm{d}\eta'''$,使用了力学量算符 ξ、η 的厄米性,其中第一项采用了分部积分。将(7.41)式第一项展开可得

$$\langle\eta' | \xi\eta - \eta\xi | \eta''\rangle = \mathrm{i}\hbar\int\Big[\delta(\eta' - \eta''')\delta(\eta''' - \eta'') + (\eta''' - \eta')\delta(\eta' - \eta''')\frac{\partial\delta(\eta''' - \eta'')}{\partial\eta'''}\Big]\mathrm{d}\eta''' \tag{7.42}$$

由于 $(\eta''' - \eta')\delta(\eta' - \eta''') = 0$,得到

$$\langle\eta' | \xi\eta - \eta\xi | \eta''\rangle = \mathrm{i}\hbar\delta(\eta' - \eta'') \tag{7.43}$$

这个关系也是我们期望的(η)表象中的量子化条件。

7.3.2 Schrödinger 方程

现在考虑两个任意表象:(ξ)和(α)之间的变换,这两个表象的参数 ξ,α 没有关联,彼此独立,它们可以有不同的取值范围,不同的自由度,甚至 ξ 取连续的值,而 α 取分立的值,或 ξ 取分立的值,α 取连续的值。不失一般性,我们假设 ξ 有多个自由度,而 α 有一个自由度。此时我们只需要矩阵力学的①,②两个条件.在(ξ)表象中动量算符的矩阵元

$$\langle\xi' | \eta_r | \xi''\rangle = -\mathrm{i}\hbar\frac{\partial}{\partial\xi'_r}\delta(\xi'_1 - \xi''_1)\delta(\xi'_2 - \xi''_2)\cdots\delta(\xi'_r - \xi''_r)\cdots$$

$$\equiv -\mathrm{i}\hbar\frac{\partial}{\partial\xi'_r}\delta(\xi' - \xi'') \tag{7.44}$$

插入单位算符 $I = \int|\xi''_1\rangle\langle\xi''_1|\mathrm{d}\xi''_1|\xi''_2\rangle\langle\xi''_2|\mathrm{d}\xi''_2\cdots|\xi''_r\rangle\langle\xi''_r|\mathrm{d}\xi''_r\cdots$可得两种表象中动量算符的矩阵元

$$\langle\xi' | \eta_r | \alpha'\rangle \equiv \langle\xi'_1|\langle\xi'_2|\cdots\langle\xi'_r|\cdots\eta_r | \alpha'\rangle$$

$$= \int\langle\xi'_1 | \xi''_1\rangle\langle\xi''_1|\mathrm{d}\xi''_1\langle\xi'_2 | \xi''_2\rangle\langle\xi''_2|\mathrm{d}\xi''_2\cdots\langle\xi'_r | \eta_r | \xi''_r\rangle$$

$$\cdot \langle \xi''_r | \cdots | \alpha' \rangle d\xi''_r$$

$$= -i\hbar \int \delta(\xi'_1 - \xi''_1) \langle \xi''_1 | d\xi''_1 \delta(\xi'_2 - \xi''_2) \langle \xi''_2 | d\xi''_2 \cdots$$

$$\cdot \frac{\partial \delta(\xi'_r - \xi''_r)}{\partial \xi'_r} \langle \xi''_r | \cdots | \alpha' \rangle d\xi''_r$$

$$= -i\hbar \langle \xi'_1 | \langle \xi'_2 | \cdots \int \left(-\frac{\partial \delta(\xi'_r - \xi''_r)}{\partial \xi''_r} \right) \langle \xi''_r | \cdots | \alpha' \rangle d\xi''_r$$

$$= -i\hbar \langle \xi'_1 | \langle \xi'_2 | \cdots \int \delta(\xi'_r - \xi''_r) \frac{\partial}{\partial \xi''_r} \langle \xi''_r | \cdots | \alpha' \rangle d\xi''_r$$

$$= -i\hbar \frac{\partial \langle \xi'_1 | \langle \xi'_2 | \cdots \langle \xi'_r | \cdots | \alpha' \rangle}{\partial \xi'_r}$$

$$\equiv -i\hbar \frac{\partial \langle \xi' | \alpha' \rangle}{\partial \xi'_r} \tag{7.45}$$

倒数第二步用到了分部积分。(7.45)式中$\langle \xi' | \alpha' \rangle$为两种表象的变换函数(行和列可能是连续变量的变换矩阵)。同样的我们得到两种表象中位置算符的矩阵元

$$\langle \xi' | \xi_r | \alpha' \rangle$$

$$\equiv \langle \xi'_1 | \langle \xi'_2 | \cdots \langle \xi'_r | \cdots \xi_r | \alpha' \rangle$$

$$= \int \langle \xi'_1 | \xi''_1 \rangle \langle \xi''_1 | d\xi''_1 \langle \xi'_2 | \xi''_2 \rangle \langle \xi''_2 | d\xi''_2 \cdots \langle \xi'_r | \xi_r | \xi_r'' \rangle \langle \xi''_r | \cdots | \alpha' \rangle d\xi''_r$$

$$= \int \delta(\xi'_1 - \xi''_1) \langle \xi''_1 | d\xi_1'' \delta(\xi'_2 - \xi''_2) \langle \xi''_2 | d\xi''_2 \cdots \xi'_r \delta(\xi'_r - \xi''_r) \langle \xi''_r | \cdots | \alpha' \rangle d\xi''_r$$

$$= \langle \xi'_1 | \langle \xi'_2 | \cdots \xi'_r \langle \xi'_r | \cdots | \alpha' \rangle$$

$$\equiv \xi'_r \langle \xi' | \alpha' \rangle \tag{7.46}$$

如果$\boldsymbol{F}(\xi_r, \eta_r)$是$\xi_r$和它们共轭动量$\eta_r$的任何函数,$\boldsymbol{F}$函数的两种表象的矩阵元为

$$\langle \xi' | \boldsymbol{F}(\xi_r, \eta_r) | \alpha' \rangle = \boldsymbol{F}\left(\xi'_r, -i\hbar \frac{\partial}{\partial \xi'_r} \right) \langle \xi' | \alpha' \rangle \tag{7.47}$$

如果$\boldsymbol{F}$在(α)表象是对角矩阵,即

$$\langle \alpha' | \boldsymbol{F}(\xi_r, \eta_r) | \alpha'' \rangle = \boldsymbol{F}(\alpha') \delta(\alpha' - \alpha'')$$

式中$\boldsymbol{F}(\alpha')$是单参数α'的函数。(7.47)式插入单位算符$\boldsymbol{I} = \int | \alpha'' \rangle \langle \alpha'' | d\alpha''$可得

$$\boldsymbol{F}\left(\xi_r', -i\hbar \frac{\partial}{\partial \xi_r'} \right) \langle \xi' | \alpha' \rangle = \langle \xi' | \boldsymbol{F}(\xi_r, \eta_r) | \alpha' \rangle$$

$$
\begin{aligned}
&= \int \langle \xi' \mid \alpha'' \rangle \langle \alpha'' \mid F(\xi_r, \eta_r) \mid \alpha' \rangle \mathrm{d}\alpha'' \\
&= \int \langle \xi' \mid \alpha'' \rangle F(\alpha') \delta(\alpha' - \alpha'') \mathrm{d}\alpha'' \\
&= F(\alpha') \langle \xi' \mid \alpha' \rangle
\end{aligned}
\tag{7.48}
$$

(7.48)式中取 F 函数为系统的 Hamilton 量 H，广义位置为真实位置，广义动量为动量，就得到了定态薛定谔方程

$$
H\left(q'_r, -\mathrm{i}\hbar \frac{\partial}{\partial q'_r}\right) \langle q' \mid \alpha' \rangle = H(\alpha') \langle q' \mid \alpha' \rangle \tag{7.49}
$$

由此我们看到 Schrödinger 方程的本征函数就是两个表象的变换函数，该变换函数能将系统的 Hamilton 矩阵变换为对角矩阵，其对角元就是系统的能量本征值，其能级指标为 α'。

如果系统的 Hamilton 量显含时间，则该系统的积分常数，如能量也会随时间变化。一般情况下 Hamilton 量矩阵不是对角化的，我们可以用算符 $\mathrm{i}\hbar \dfrac{\partial}{\partial t}$ 带换积分常数 $H(\alpha')$ 得到含时 Schrödinger 方程。假设 q_t 为 t 时刻的位置，一组积分常数 α 可以表示为位置 q、动量 p 和时间 t 的函数，下面可以证明这个关系 $\langle q'_t | H | \alpha' \rangle = \mathrm{i}\hbar \dfrac{\partial}{\partial t} \langle q'_t | \alpha' \rangle$ 成立。

设 f 为 p_t 和 q_t 的任意函数，p_t 和 q_t 不显含时间，并要求 α 满足条件

$$
\left\langle \alpha' \mid \frac{\mathrm{d}f}{\mathrm{d}t} \mid \alpha'' \right\rangle = \frac{\partial}{\partial t} \langle \alpha' \mid f \mid \alpha'' \rangle
$$

此时 f 的 Heisenberg 运动方程为

$$
\mathrm{i}\hbar \frac{\mathrm{d}f}{\mathrm{d}t} = fH_t - H_t f
$$

需要注意的是，三人文章中的 Heisenberg 运动方程中 Hamilton 量是对角的，很容易通过幺正变换得到一般情况下的 Heisenberg 运动方程，此时 Hamilton 量不要求是对角的。将 Heisenberg 方程两边取两种表象的矩阵元，并插入单位算符 $I = \int | \alpha'' \rangle \langle \alpha'' | \mathrm{d}\alpha''$ 得

$$
\langle q'_t \mid fH_t - H_t f \mid \alpha' \rangle = \mathrm{i}\hbar \left\langle q'_t \mid \frac{\mathrm{d}f}{\mathrm{d}t} \mid \alpha' \right\rangle
$$

$$
\begin{aligned}
&= \mathrm{i}\hbar\int\langle q'_t \mid \alpha''\rangle\left\langle \alpha'' \mid \frac{\mathrm{d}f}{\mathrm{d}t} \mid \alpha'\right\rangle\mathrm{d}\alpha'' \\
&= \mathrm{i}\hbar\int\langle q'_t \mid \alpha''\rangle\frac{\partial}{\partial t}\langle \alpha'' \mid f \mid \alpha'\rangle\mathrm{d}\alpha'' \\
&= \mathrm{i}\hbar\frac{\partial}{\partial t}\int\langle q'_t \mid \alpha''\rangle\langle \alpha'' \mid f \mid \alpha'\rangle\mathrm{d}\alpha'' \\
&\quad -\mathrm{i}\hbar\int\frac{\partial}{\partial t}\langle q'_t \mid \alpha''\rangle\langle \alpha'' \mid f \mid \alpha'\rangle\mathrm{d}\alpha''
\end{aligned}
\tag{7.50}
$$

(7.50) 式第一项收回单位算符 $I = \int \mid \alpha''\rangle\langle\alpha'' \mid \mathrm{d}\alpha''$，再插入单位算符 $I = \int \mid q''_t\rangle\langle q''_t \mid \mathrm{d}q''_t$ 得

$$
\begin{aligned}
&\langle q'_t \mid fH_t - H_t f \mid \alpha'\rangle \\
&\quad = \mathrm{i}\hbar\frac{\partial}{\partial t}\int\langle q'_t \mid f \mid q''_t\rangle\langle q''_t \mid \alpha'\rangle\mathrm{d}q''_t - \mathrm{i}\hbar\int\frac{\partial}{\partial t}\langle q'_t \mid \alpha''\rangle\langle \alpha'' \mid f \mid \alpha'\rangle\mathrm{d}\alpha'' \\
&\quad = \mathrm{i}\hbar\int\langle q'_t \mid f \mid q''_t\rangle\frac{\partial}{\partial t}\langle q''_t \mid \alpha'\rangle\mathrm{d}q''_t - \mathrm{i}\hbar\int\frac{\partial}{\partial t}\langle q'_t \mid \alpha''\rangle\langle \alpha'' \mid f \mid \alpha'\rangle\mathrm{d}\alpha''
\end{aligned}
\tag{7.51}
$$

因为 f 为 p_t 和 q_t 的任意函数，p_t 和 q_t 不显含时间，$\langle q_t' | f | q_t''\rangle$ 也必然不显含时间，因此最后一行的第一项可以把对时间的偏微分移到积分号里面。另一方面

$$
\begin{aligned}
\langle q'_t \mid fH_t - H_t f \mid \alpha'\rangle &= \int\langle q'_t \mid f \mid q''_t\rangle\langle q''_t \mid H_t \mid \alpha'\rangle\mathrm{d}q''_t \\
&\quad - \int\langle q'_t \mid H_t \mid \alpha''\rangle\langle \alpha'' \mid f \mid \alpha'\rangle\mathrm{d}\alpha''
\end{aligned}
\tag{7.52}
$$

(7.52)式与(7.51)式比较即得

$$
\langle q_t' \mid H_t \mid \alpha'\rangle = \mathrm{i}\hbar\frac{\partial}{\partial t}\langle q_t' \mid \alpha'\rangle
$$

去掉角标，即

$$
\langle q' \mid H \mid \alpha'\rangle = \mathrm{i}\hbar\frac{\partial}{\partial t}\langle q' \mid \alpha'\rangle
$$

消去定态 Schrödinger 方程中的积分常数得到含时 Schrödinger 方程，事实上

$$
H\left(q_r, -\mathrm{i}\hbar\frac{\partial}{\partial q_r}\right)\langle q' \mid \alpha'\rangle = \langle q' \mid H(q_r, p_r) \mid \alpha'\rangle = \mathrm{i}\hbar\frac{\partial}{\partial t}\langle q' \mid \alpha'\rangle
\tag{7.53}
$$

(7.53)式即含时 Schrödinger 方程,由此还得到能量算符 $E \to i\hbar \frac{\partial}{\partial t}$。

7.3.3　波函数的 Born 规则

如果用 q_t 表示坐标 q 在时刻 t 的值,用 α_t 表示变量 α(假设是动量 p 和位置 q 的函数,p 和 q 不显含时间)在时刻 t 的值,将单位算符 $I = \int |\alpha'_t\rangle\langle\alpha'_t| \mathrm{d}\alpha'_t$ 插入变换函数 $\langle q' | \alpha'\rangle$ 得

$$\langle q'_t | \alpha'_0\rangle = \int \langle q'_t | \alpha'_t\rangle\langle\alpha'_t | \alpha'_0\rangle \mathrm{d}\alpha'_t \tag{7.54}$$

由波函数的 Born 规则知,展开系数 $|\langle\alpha'_t|\alpha'_0\rangle|^2 = \langle\alpha'_t|\alpha'_0\rangle\langle\alpha'_0|\alpha'_t\rangle$ 代表概率密度。

当变换矩阵的行和列可能为连续变量时,通过表象变换就能从矩阵力学推导出定态、含时 Schrödinger 方程和波函数的 Born 规则,恰当地说波动力学是矩阵力学的自然延伸。当然涉及连续变量时,Dirac 的 δ 函数是一个不可缺少的数学工具。两种表象的变换函数,即行和列是连续变量的变换矩阵,起到联系矩阵力学和波动力学的桥梁和纽带的作用,它既是矩阵力学中的变换矩阵,又是波动力学中的波函数。表象变换理论显示原则上量子力学可以有很多的表象表示,矩阵力学和波动力学也分别是两个特殊的表象:能量表象和坐标表象的量子力学(波动力学严格说是能量表象和坐标表象变换函数或变换矩阵的量子力学)。表象变换理论真正实现了矩阵力学和波动力学的有机统一,使我们对量子力学理论框架有了一个更高层次的认识。

7.4　Schrödinger 方程求解一维谐振子

一维谐振子的 Schrödinger 方程为

$$i\hbar \frac{\partial \Psi}{\partial t} = \left(-\frac{\hbar^2}{2m}\frac{\mathrm{d}^2}{\mathrm{d}x^2} + \frac{m\omega^2 x^2}{2}\right)\Psi \tag{7.55}$$

定态 Schrödinger 方程为

$$\left(-\frac{\hbar^2}{2m}\frac{\mathrm{d}^2}{\mathrm{d}x^2} + \frac{m\omega^2 x^2}{2}\right)\psi(x) = E\psi(x) \tag{7.56}$$

(7.56)式为本征值方程,其本征值

$$E_n = (n + 1/2)\hbar\omega \quad (n = 0,1,2,\cdots) \tag{7.57}$$

本征函数

$$\psi_n = N_n e^{-\alpha^2 x^2/2} H_n(\alpha x) \tag{7.58}$$

式中 $N_n = \left(\frac{\alpha}{\pi^{1/2} 2^n n!}\right)^{1/2}$, $\alpha = \sqrt{m\omega/\hbar}$, $H_n(\alpha x) = (-1)^n e^{(\alpha x)^2} \frac{d^n e^{-(\alpha x)^2}}{d(\alpha x)^n}$ 为 Hermite 多项式。完整的波函数

$$\Psi_n = \psi_n e^{-iE_n t/\hbar} = N_n e^{-\alpha^2 x^2/2} H_n(\alpha x) e^{-iE_n t/\hbar} \tag{7.59}$$

在 Schrödinger 绘景中波函数随时间变化,如(7.59)式,但力学量不随时间变化,比如位置 x。位置 x 力学量在能量表象下是一个矩阵,其矩阵元

$$x_{mn} = \langle m \mid x \mid n \rangle = \int \Psi_m^* x \Psi_n dx \tag{7.60}$$

而由 Hermite 多项式的递推关系 $H_{n+1}(\alpha x) + 2nH_{n-1}(\alpha x) = 2(\alpha x)H_n(\alpha x)$,得

$$\alpha x \psi_n = \sqrt{\frac{n+1}{2}}\psi_{n+1} + \sqrt{\frac{n}{2}}\psi_{n-1} \tag{7.61}$$

由(7.61)式和本征函数的正交归一性 $\int \psi_m^* \psi_n dx = \delta_{mn}$,(7.60)式进一步可以写为

$$x_{mn} = \int \Psi_m^* x \Psi_n dx = \sqrt{\frac{\hbar}{2m\omega}}(\sqrt{n} e^{-i\omega t}\delta_{m,n-1} + \sqrt{n+1} e^{i\omega t}\delta_{m,n+1}) \tag{7.62}$$

(7.62)式写成矩阵形式和 Heisenberg 的结果第5章(5.29)式、Dirac 的结果第6章(6.27)式完全相同。从(7.59)式和(7.60)式看,力学量算符 x 不随时间改变,而波函数 $\Psi_n(x,t)$ 是量子态在坐标表象的表达式 $\langle x \mid \Psi_n \rangle$,且随时间变化,求解定态 Schrödinger 方程得到能量本征值(Hamilton 对角化),可知我们的运算是在坐标表象下 Schrödinger 绘景中进行的。

参考文献

[1] de Broglie L. On the theory of quanta[M]. Translated by A F, Kracklauer. Janvier-Février: Annalen de Physique, 10e serie., t. Ⅲ, 1925.

[2] Schrödinger E. Quantisierung als eigenwertproblem[J]. Annales der Physics, 1926, 79: 361-376.

[3] Pauli W. Über das wasserstoffspektrum vom standpunkt der neuen quantenmechanik[J]. Zeitschrift für Physik, 1926, 36: 336-363.

[4] Schrödinger E. Quantisierung als eigenwertproblem[J]. Ann. der Physics，1926，79：489-527.

[5] Schrödinger E. Quantisierung als eigenwertproblem[J]. Ann. der Physics，1926，80：437-490.

[6] Schrödinger E. Quantisierung als eigenwertproblem[J]. Ann. der Physics，1926，81：109-139.

[7] Schrödinger E. Überdas verhältnis der Heisenberg Born Jordanischen quantenmechanik zu der meinen[J]. Ann. der Physics，1926，79：734-756.

[8] Eckart C. Operator Calculus and the solution of the equation of quantum dynamics[J]. phys. Rew.，1926，28：711-726.

[9] Dirac P. The physical interpretation of the quantum dynamics[J]. Proceedings of the Royal Society of London. Series A，1927，113：621-641.

[10] Jordan P. Über eine neue begründung der quantenmechanik[J]. Zeitschrift für Physik，1927，40：809-838.

[11] Born M. Zur quantenmechanik der stoßvorgänge[J]. Zeitschrift für Physik，1926，37：863-867.

[12] Heisenberg W. Über den anschaulichen Inhalt der quantentheoretischen kinematik und mechanik[J]. Zeitschrift für Physik，1927，43：172-198.

第8章 Born 波函数统计解释

量子力学的矩阵形式和波动形式分别是在1925年和1926年建立起来的，然而关于量子力学的物理解释却有两种不同的观点。Heisenberg等人认为时空中物理过程的确切描述原则上是不可能的，他们满意于已经找到了不同的可观察物理量之间的关系，只有在经典极限下可观察物理量才拥有经典力学量的特征。Schrödinger持有另一个观点，类似于把光波视为光波过程中的载体，他把波动视为原子过程的载体。Schrödinger把粒子视为小的波包，而波包的运动代表了粒子的运动。Born不同意这两种观点，他从Einstein关于光波和光量子的关系的观点中受到启发提出了波函数的统计解释，并且把他的解释用到碰撞过程[1,2]。Einstein把光波视为光量子的向导路径(guiding way)(如干涉中的亮条纹)，这些路径决定了携带能量和动量的光量子选择的特定路径的概率，而光波场本身没有能量和动量。Born把Schrödinger的波函数也视为一种向导场(guiding field)，能量和动量转移是在实物粒子之间进行的。实物粒子的路径决定于实物粒子的能量和动量守恒，我们只能计算出一定向导路径的概率，即波函数的分布值。因果律、概率、量子力学究竟是什么关系呢？Born用一句名言来概括：在量子力学中，粒子的运动遵循概率定律，概率本身的传播则遵循因果律，Born的因果律是这样定义的，即某一时刻的态的全部信息通过Schrödinger方程决定了后面所有时刻的态的分布。

8.1 Born 波函数统计解释的提出

对于周期性系统，定态Schrödinger方程为

$$-\frac{\hbar^2}{2m}\nabla^2\psi+V\psi=E\psi \tag{8.1}$$

能量本征值有正交归一关系：

$$\int\psi_n(q)\psi_m^*(q)\mathrm{d}q=\delta_{nm} \tag{8.2}$$

任意波函数都可以用本征波函数展开，则

$$\psi(q)=\sum_n c_n\psi_n(q) \tag{8.3}$$

(8.3)式中波函数按前面叙述，应该是和概率联系起来。借助于(8.2)式和(8.3)式，波函数的归一性为

$$\int|\psi(q)|^2\mathrm{d}q=\sum_n|c_n|^2 \tag{8.4}$$

意味着是原子数目的积分，可令(8.4)式积分为1，$|c_n|^2$ 为态 n 出现的概率，而原子数目就在这些态里。

为了验证这个看法，将(8.1)式用于某个定态得 $-\frac{\hbar^2}{2m}\nabla^2\psi_n+V\psi_n=E_n\psi_n$，将 $\psi_m^*(q)$左乘方程的两边，然后对整个空间积分，得

$$\int\left(-\frac{\hbar^2}{2m}\psi_m^*\nabla^2\psi_n+V\psi_n\psi_m^*\right)\mathrm{d}^3q=E_n\int\psi_m^*\psi_n\mathrm{d}^3q=E_n\delta_{nm} \tag{8.5}$$

借助于 Green 定理，(8.5)式可以写为

$$E_n\delta_{nm}=\int\left(\frac{\hbar^2}{2m}(\nabla\psi_m^*)\cdot(\nabla\psi_n)+V\psi_n\psi_m^*\right)\mathrm{d}^3q \tag{8.6}$$

每个能级都可以理解为能量密度的体积分，我们能构建任意波函数的能量积分

$$E=\int\left(\frac{\hbar^2}{2m}|\nabla\psi|^2+V|\psi|^2\right)\mathrm{d}^3q \tag{8.7}$$

事实上，将定态 Schrödinger 方程两边乘以 ψ^* 再对体积积分，得

$$\int\left(-\frac{\hbar^2}{2m}\psi^*\nabla^2\psi+V\psi^*\psi\right)\mathrm{d}\tau=\int E\psi^*\psi\mathrm{d}\tau$$

此即

$$E=\int\left(-\frac{\hbar^2}{2m}\psi^*\nabla^2\psi+V\psi^*\psi\right)\mathrm{d}\tau$$

上式应用 Green 第一恒等式即得(8.7)式。

将(8.3)式代入(8.7)式，再用(8.6)式我们得到

$$E = \sum_n |c_n|^2 E_n \tag{8.8}$$

(8.8)式右边是原子系统的总能量的平均值，而$|c_n|^2$为能量E_n出现的概率，这就证实了我们的想法，即波函数的模平方代表概率。

还可以从非周期系统来印证波函数的统计解释。最简单的模型为一维自由粒子的运动，其定态 Schrödinger 方程为

$$\frac{\mathrm{d}^2\psi}{\mathrm{d}x^2} + k^2\psi = 0, \quad k^2 = \frac{2m}{\hbar^2}E \tag{8.9}$$

能量E大于零，得归一化的自由粒子的本征波函数

$$\psi(k, x) = \mathrm{e}^{\pm \mathrm{i}kx} \tag{8.10}$$

由(8.3)式可知，任意波函数可以用本征波函数展开(即傅里叶变换)

$$\psi(x) = \frac{1}{2\pi}\int_{-\infty}^{\infty} c(k)\mathrm{e}^{\mathrm{i}kx}\mathrm{d}k \tag{8.11}$$

(8.11)式中的$|c(k)|^2$应为波矢k在区间$\frac{\mathrm{d}k}{2\pi}$出现的概率。为此我们取很小的区间，$k_1<k<k_2$，得

$$\int_{-\infty}^{\infty} c(k)\mathrm{e}^{\mathrm{i}kx}\mathrm{d}k = \bar{c}\int_{k_1}^{k_2}\mathrm{e}^{\mathrm{i}kx}\mathrm{d}k = \frac{\bar{c}}{\mathrm{i}x}(\mathrm{e}^{\mathrm{i}k_2x} - \mathrm{e}^{\mathrm{i}k_1x})$$

又

$$\begin{aligned}\int_{-\infty}^{\infty} |\psi(x)|^2\mathrm{d}x &= \frac{1}{4\pi^2}\int_{-\infty}^{\infty}\mathrm{d}x\left|\int_{-\infty}^{\infty} c(k)\mathrm{e}^{\mathrm{i}kx}\mathrm{d}k\right|^2 \\ &= \frac{1}{2\pi}|\bar{c}|^2(k_2 - k_1) = |\bar{c}|^2\frac{\Delta p}{h}\end{aligned} \tag{8.12}$$

其中我们使用了 de Broglie 关系$p=\hbar k$。由(8.12)式我们可以看出在相空间内$\Delta x=1$，$\Delta p=h$，动量$p=\hbar k$出现的概率为$|\bar{c}|^2$。

8.2 Born 波函数统计解释求解散射问题

Born 用波动力学研究了粒子和原子的碰撞问题，以他的波函数概率解释定量地预测了散射后的粒子被探测到的数目。为不失一般性，这里介绍 Born 研究

过的高能粒子与原子的弹性散射例子，主要领会波函数的概率解释在散射问题中的应用。

如图 8.1 所示，入射粒子源提供了一束稳定的接近于单色的入射粒子束，从远处射向靶原子。入射粒子是自由粒子，用一个平面波来描述。设入射方向为 z 轴方向，则

$$\psi_1 = \mathrm{e}^{\mathrm{i}kz} \tag{8.13}$$

它的本征动量 $p_z = \hbar k$，入射粒子能量 $E = \hbar^2 k^2/(2m)$，入射流密度

$$j_z = \frac{\mathrm{i}\hbar}{2m}\left(\psi_1 \frac{\partial \psi_1^*}{\partial z} - \psi_1^* \frac{\partial \psi_1}{\partial z}\right) = \frac{\hbar k}{m} = N \tag{8.14}$$

(8.14)式在数值上等于入射粒子流的强度，即单位时间内穿过垂直于粒子前进的 z 方向单位面积的粒子数。由于靶原子的弹性散射，入射粒子的动量并非守恒量，其大小不变、方向已变，因此入射粒子有一定的概率改变方向，于是出现了散射波。

粒子被靶原子散射时的势场为辏力场 $U(r)$，此时 Schrödinger 方程为

$$\nabla^2 \psi + k^2 \psi = V(r)\psi \tag{8.15}$$

式中 $k^2 = \dfrac{2mE}{\hbar^2}$，$V(r) = \dfrac{2mU(r)}{\hbar^2}$。散射问题就是求出(8.15)式，找出散射后粒子出现在(θ,φ)方向的概率。入射粒子进入视场经散射原子散射后，波函数会发生变化，在离散射原子足够远处，粒子间相互作用可以忽略。如图 8.1 所示，在 $r\to\infty$ 处波函数将由两部分组成：一部分是仍沿 z 方向的透射波 $\mathrm{e}^{\mathrm{i}kz}$，另一部分是散射波。由于辏力场 $V(r)$的球对称性，散射波是球面波，记为 $f(\theta)\dfrac{\mathrm{e}^{\mathrm{i}kr}}{r}$。散射后波函数在无穷远处的渐近形式为

$$\psi \xrightarrow{r\to\infty} \mathrm{e}^{\mathrm{i}kz} + f(\theta)\frac{\mathrm{e}^{\mathrm{i}kr}}{r} = \psi_1 + \psi_2 \tag{8.16}$$

式中 $\psi_1 = \mathrm{e}^{\mathrm{i}kz}$，$\psi_2 = f(\theta)\dfrac{\mathrm{e}^{\mathrm{i}kr}}{r}$。散射波的概率流密度

$$j_r = \frac{\mathrm{i}\hbar}{2m}\left(\psi_2 \frac{\partial \psi_2^*}{\partial r} - \psi_2^* \frac{\partial \psi_2}{\partial r}\right) = \frac{\hbar k}{mr^2}\,|f(\theta)|^2 = \frac{N}{r^2}\,|f(\theta)|^2 \tag{8.17}$$

即单位时间穿过球面上单位面积的粒子数。散射粒子通过散射角 θ 处单位时间 $\mathrm{d}S$ 面积的粒子数

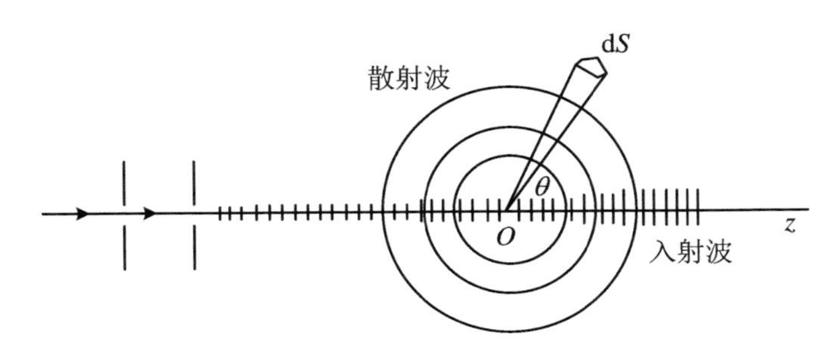

图 8.1　粒子被原子散射

$$dN = j_r dS = \frac{N}{r^2}\,|f(\theta)|^2 dS = |f(\theta)|^2 N d\Omega \tag{8.18}$$

由(8.18)式可知,入射粒子被靶原子散射的散射截面为 $\sigma(\theta)=\dfrac{dN}{Nd\Omega}=|f(\theta)|^2$, $f(\theta)$称为散射振幅。因此散射问题就归结为通过 Schrödinger 方程求解散射振幅 $f(\theta)$。

对于高能弹性散射,(8.15)式中的 $V(r)$影响较小,可以近似看成微扰。(8.15)式的 Green 函数解

$$\psi(r) = e^{ikz} - \frac{1}{4\pi}\int \frac{e^{ik|r-r'|}}{|r-r'|}V(r')\psi(r')dr' \tag{8.19}$$

ψ 零级近似就是入射的平面波 e^{ikz},一级近似下将(8.19)式中的 $\psi(\boldsymbol{r}')$用零级近似的平面波 $e^{ikz'}$表示,从而给出

$$\psi(r) = e^{ikz} - \frac{1}{4\pi}\int \frac{e^{ik|r-r'|}}{|r-r'|}V(r')e^{ikz'}dr' \tag{8.20}$$

(8.20)式称为一级 Born 近似,当然还可以用逐步迭代法求出高级 Born 近似。在 $r\to\infty$处波函数(8.20)式的渐近形式为

$$\psi(r) = e^{ikz} - \frac{e^{ikr}}{4\pi r}\int e^{-ik\frac{\boldsymbol{r}\cdot\boldsymbol{r}'}{r}}V(r')e^{ikz'}dr' \tag{8.21}$$

对比(8.16)式,我们得到散射振幅

$$f(\theta) = \frac{-1}{4\pi}\int e^{ik\left(z'-\frac{\boldsymbol{r}\cdot\boldsymbol{r}'}{r}\right)}V(r')dr'$$

进一步运算得到散射振幅的表达式

$$f(\theta) = \frac{-2m}{\hbar^2 K}\int_0^\infty rU(r)\sin(Kr)dr \tag{8.22}$$

式中 $K = 2k\sin\dfrac{\theta}{2}$，于是由入射波求出了散射振幅。

比较(8.16)式和(8.3)式，我们清楚地知道，散射振幅 $f(\theta)$实为散射粒子的概率幅。其模平方即为 $\sigma(\theta) = |f(\theta)|^2$ 散射截面，表示入射粒子被散射到某个方向(θ,φ)的概率，由(8.18)式，我们甚至还可以计算出散射粒子在散射角 θ 处 $\mathrm{d}S$ 面积的粒子数。

Born 波函数概率解释十分重要，它将理论上量子力学的演化结果和现实中人们在实验室中的观测结果联系起来。事实上量子力学的演化不能用人们熟悉的经典物理学的语言来描述，那么人们如何知道量子力学演化的结果进而从实验上判定量子力学的正确性呢？为此人们需要对量子系统进行测量，而量子测量的各种结果及其出现的概率恰恰是用 Born 波函数概率解释描述的。

参考文献

[1] Born M. Zur Quantenmechanik der stoßvorgänge[J]. Zeitschrift für Physik, 1926, 37: 863-867.

[2] Born M. Zur Quantenmechanik der stoßvorgänge[J]. Zeitschrift für Physik, 1926, 38: 803-827.

第 9 章　Heisenberg 不确定关系

1927 年 Heisenberg 发现了不确定关系。当看到理论在各种简单情况的实验结果，且已经检查过理论的应用不包含内部矛盾时，我们相信我们能理解理论的物理内容。例如，我们相信我们能理解 Einstein 时空概念的物理内容，是因为我们能前后一致地看到 Einstein 时空概念的实验结果，当然这些结果有时会和我们日常的时空物理概念不符合。量子力学的物理解释（物理内容）充满了内部矛盾，是因为它包含了相互矛盾的经典物理学的术语，如粒子和波，连续和不连续。在此情况下人们可能得出结论：使用通常的运动学和动力学概念来理解量子力学的物理内容是不可能的。事实上量子力学就是在打破这些通常的运动学概念中诞生的，量子力学的数学方案不需要任何的修改，因为量子力学在宏观尺度下自然地近似为经典力学。相应地为了满足量子力学的基本方程，修正经典物理学的运动学和动力学的概念是必要的。

在经典物理中给定一个质点，我们很容易理解这个质点的位置和速度。然而在量子力学中质点的位置和速度（动量）的基本对易关系 $qp - pq = \mathrm{i}\hbar$ 成立，我们每次不加批判地使用质点的位置和速度就变得十分可疑。当我们承认不连续是在小的区域且很短的时间内发生的某种典型的过程，质点的位置和速度矛盾就变得相当尖锐。例如，我们考虑一个质点的一维运动，在连续视角看，其位移和时间的变化关系如图 9.1 所示，质点某时刻的速度为曲线上该时刻点的切线的斜率。而从不连续视角，看图 9.1 的曲线被一系列有限距离的点代替，如图 9.2 所示。在此情况下谈论某位置的速度是没有意义的，因为：① 两点才能定义速度；② 任何一点总是和两个速度相联系。

于是问题出现了，能否通过经典物理学中的运动学和动力学概念更细致地分析（或限制）来消除它们在量子力学物理解释中的自相矛盾，从而用我们日常的经典物理学的概念达到对量子力学公式的物理理解呢？答案是肯定的，为了准确地描述量子力学公式，日常的经典物理学的概念必须受到 Heisenberg 不确定关系的限制。

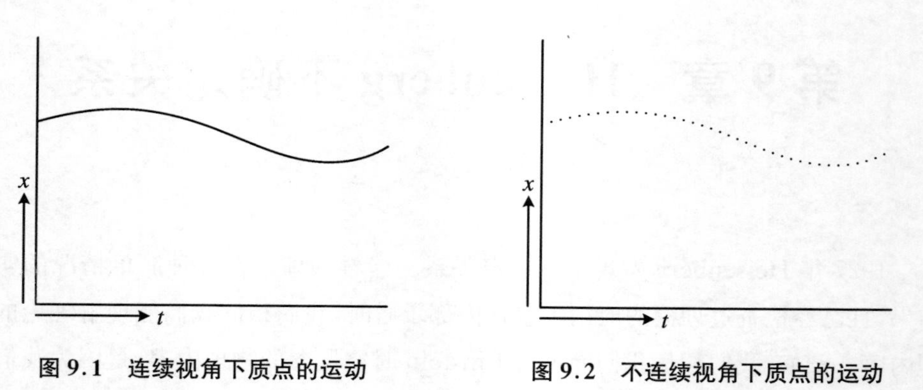

图 9.1 连续视角下质点的运动　　图 9.2 不连续视角下质点的运动

9.1 Heisenberg 不确定关系的提出

当人们想清楚地知道物体在给定参考系的位置时，他必须有明确的实验装置来测量物体的位置，如果没有测量，物体的“位置”这个词就没有意义。这个仪器原则上允许以任何精度确定物体的位置，例如用光照射电子然后在显微镜下观察它，电子位置能达到的精度取决于光的波长，原则上人们可以建造 γ 光显微镜，然后就能以人们想要的精度去决定电子的位置了[1]。但是请注意在测量电子的位置时，同时存在一个重要的 Compton 效应，即光子和电子发生弹性碰撞，散射光子被显微镜的透镜接收，进而进入人们的眼睛。光子被电子散射的那一刻电子的位置被确定，同时电子经历一个动量的不连续变化，电子动量变化越大，电子的位置越精确。此刻我们看到了基本对易关系 $qp - pq = \mathrm{i}\hbar$ 的物理解释。γ 光显微镜测量电子的位置具体过程如下。设入射到电子上光波的波长和频率分别为 λ 和 ν，显微镜对孔径角为 ε，如图 9.3 所示，由衍射定律知道，在 x 方向测定电子位置的精度

$$\Delta x \sim \frac{\lambda}{\sin \varepsilon} \tag{9.1}$$

为了测量电子的位置，需要电子至少散射一个光子，并使散射光子通过显微镜进入

人的眼睛。电子从这个光子获得的反冲动量为 $h\nu/c$，但是不可能准确地知道这一反冲，因为并不知道散射光子在孔径角 ε 内的什么方向，因此电子在 x 方向反冲动量的不确定量

$$\Delta p_x = \frac{h\nu}{c} \cdot \sin \varepsilon \tag{9.2}$$

由方程(9.1)和(9.2)，我们得到位置和动量的不确定关系 $\Delta x \Delta p_x \sim h$。

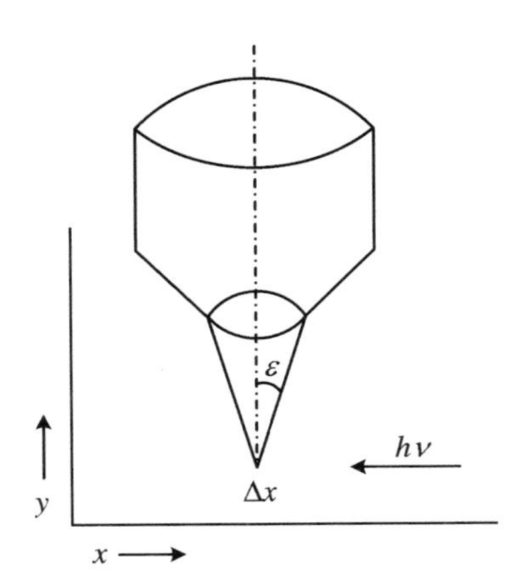

图9.3　显微镜测量电子位置

当然我们也能用Doppler效应测量电子的速度，其测量步骤如图9.4所示[2]。已知精确地知道电子在与入射光平行的 x 轴方向的动量，则电子在 x 轴方向的位置完全不知道，而准确知道电子在 y 轴方向的位置，则完全不知道电子在 y 轴方向的动量，所以要测量电子在 y 轴方向的速度。现在我们在 y 轴方向来观测散射光。

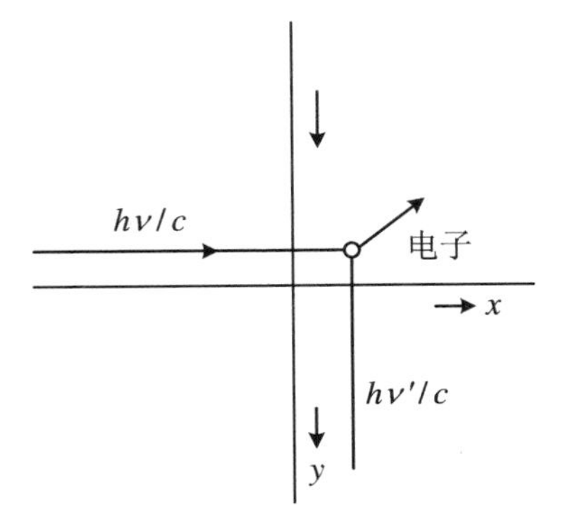

图9.4　Doppler效应测量电子速度

E 代表电子的能量，ν 代表入射光的频率，不带撇的量为碰撞前的值，而带撇的量表示碰撞后的值，由能量守恒和 x，y 方向动量守恒，得

$$\begin{cases} h\nu + E = h\nu' + E' \\ h\nu/c + p_x = p'_x \\ p_y = h\nu'/c + p'_y \end{cases} \tag{9.3}$$

进一步整理，得

$$\begin{aligned} h(\nu - \nu') &= E' - E \\ &= \frac{p'^2_x + p'^2_y - p^2_x - p^2_y}{2m} \sim \frac{(p'_x - p_x)p_x + (p'_y - p_y)p_y}{m} \\ &= \frac{\frac{h\nu}{c}p_x - \frac{h\nu'}{c}p_y}{m} \sim \frac{h\nu}{cm}(p_x - p_y) \end{aligned} \tag{9.4}$$

(9.4)式中散射光和入射光的频率近似认为是相等的。

因为 p_x 和 ν 是已知的，所以 p_y 的测量精度直接与散射光的频率 ν' 的测量精度有关，对(9.4)式两边微分，得

$$\Delta\nu' = \frac{\nu}{cm} \cdot \Delta p_y \tag{9.5}$$

为了使 ν' 的测量精确到 $\Delta\nu'$，必须观测一个有一定长度的波列，由光学定律知这个波列的时间

$$T = \frac{1}{\Delta\nu'} \tag{9.6}$$

由于我们不知道光子与电子碰撞的时间是在这段时间的开始还是终了，因而也不知道在这段时间 T 中电子在 y 轴方向运动的速度是 p_y/m 还是 p'_y/m，这段时间终了时电子位置不确定量

$$\Delta y \sim \frac{(p_y - p'_y)T}{m} = \frac{h\nu'}{mc}T \tag{9.7}$$

由(9.5)～(9.7)式，立即得 $\Delta y \Delta p_y \sim h$。

我们还可以用 Gauss 波包形式的波函数导出 Heisenberg 位置动量的不确定关系。用波包形式的波函数描述动量为 p' 位置在 x' 的粒子的量子态

$$\psi(x) \sim \mathrm{e}^{-(x-x')^2/(2\Delta x_1^2) - \mathrm{i}p'(x-x')/\hbar}$$

则有

$$|\psi(x)|^2 \sim \mathrm{e}^{-(x-x')^2/\Delta x_1^2}$$

波包的位置伸展范围 $\Delta x = \Delta x_1$，即粒子空间位置的不确定度。由 Dirac-Jordan 表象变换理论，粒子在动量空间的波函数为

$$\varphi(p) \sim \int \psi(x) \mathrm{e}^{-\mathrm{i}px/\hbar} \mathrm{d}x \sim \mathrm{e}^{-\mathrm{i}x'p/\hbar} \mathrm{e}^{-(p+p')^2/(2\hbar^2/\Delta x_1^2)}$$

进一步得到

$$|\varphi(p)|^2 \sim \mathrm{e}^{-(p+p')^2/(\hbar^2/\Delta x_1^2)}$$

波包的动量伸展范围 $\Delta p = \hbar/\Delta x_1$，即粒子动量的不确定度。由粒子位置和动量的不确定度，立刻得到位置和动量的不确定关系，事实上由 $\Delta p = \hbar/\Delta x_1$，即得 $\Delta x_1 \Delta p = \hbar$，于是 $\Delta x \Delta p = \hbar$。

由于 $E \rightarrow \mathrm{i}\hbar\partial_t$，还存在另一个基本对易关系 $Et - tE = \mathrm{i}\hbar$，对能量和时间的测量，我们期望会产生类似 $\Delta x \Delta p_x \sim h$ 的不确定关系。事实上测量能量的实验格外重要，因为只有精确地测量了能量，我们才能谈论能量的不连续变化。Heisenberg 提出了一个理想实验，以 Stern-Gerlach 实验装置测量原子定态能量的偏差和原子在偏转场中的时间之间的关系，得到的结果是原子在磁场中偏转时间越短，能量测量的精度就越差。如图 9.5 所示，令宽度为 d 的原子束通过一个不均匀的磁场 F，原子与磁场 F 的相互作用能为 $E(F)$，则在 x 轴方向（与原子束飞行方向垂直）磁场的偏转力为 $\partial_x E(F)$。用时间 Δt 表示原子通过场 F 的时间，p 表示原子沿飞行方向的动量，则定态 n 的原子的偏转角为 $\Delta t \cdot \partial_x E_n(F)/p$，定态 n 和定态 m 的原子束偏转角的差

$$\alpha = \frac{\Delta t \cdot [\partial_x E_n(F) - \partial_x E_m(F)]}{p}$$

在狭缝 d 很小时，上式可以粗略地写为

$$\alpha \sim \frac{\Delta t}{p} \cdot \frac{[E_n(F) - E_m(F)]}{d} = \frac{\Delta t \cdot \Delta E}{p \cdot d} \tag{9.8}$$

这一角度 α 必须大于原子束自然散射角（原子束通过狭缝的衍射角）才能把这两种原子分开。而自然散射角可以粗略地估计为 λ/d，其中，$\lambda = h/p$ 为原子的 de Broglie 波长，于是有 $\alpha \sim \dfrac{\Delta t \cdot \Delta E}{p \cdot d} \geqslant \dfrac{\lambda}{d} = \dfrac{h}{p \cdot d}$，此式就是我们期望的能量和时间的不确定关系 $\Delta E \cdot \Delta t \geqslant h$。

由于 Heisenberg 不确定关系在量子力学测量问题上给出了测量精度的基本限制，这个由量子力学导出的推论常常被提升到第一性原理的地位，因此 Heisenberg 不确定关系有时也称为 Heisenberg 不确定原理。

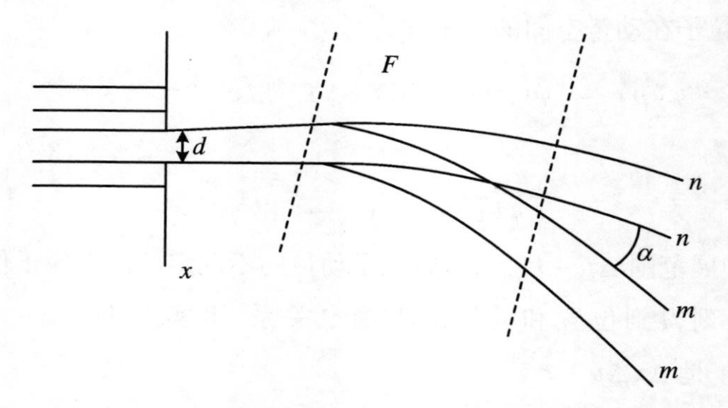

图 9.5 原子束在 Stern-Gerlach 实验装置中偏转

9.2 Heisenberg 不确定关系的严格导出

E. Kennard 在 1927 年导出了精确的不确定关系表达式[3] $\Delta x \cdot \Delta p_x \geqslant \hbar/2$ 和 $\Delta E \cdot \Delta t \geqslant \hbar/2$,量子力学的教材也都会导出严格的不确定关系,现简述如下。

定义算符 O 的不确定度

$$\Delta O = \sqrt{\langle \psi \mid (\Delta O)^2 \mid \psi \rangle} = \sqrt{\langle \psi \mid (O - \bar{O})^2 \mid \psi \rangle} \tag{9.9}$$

式中 O 的平均值为 $\bar{O} = \langle \psi | O | \psi \rangle$。设 A,B 为任何算符,定义它们的不确定度算符 A',B' 分别为

$$A' = A - \bar{A}, \quad B' = B - \bar{B}$$

则有不确定算符的对易关系

$$[A',B'] = [A,B]$$

$$A'B' = \frac{1}{2}\{A',B'\} + \frac{1}{2}[A',B'] \tag{9.10}$$

式中 $[A',B'] = A'B' - B'A'$ 为对易关系,$\{A',B'\} = A'B' + B'A'$ 为反对易关系。定义不确定算符的态为

$$A' \mid \psi \rangle = (A - \bar{A}) \mid \psi \rangle = \mid \psi_{A'} \rangle, \quad B' \mid \psi \rangle = (B - \bar{B}) \mid \psi \rangle = \mid \psi_{B'} \rangle \tag{9.11}$$

则有

$$(\Delta A)^2(\Delta B)^2 = \langle\psi|(A-\bar{A})^2|\psi\rangle\langle\psi|(B-\bar{B})^2|\psi\rangle$$
$$= \langle\psi|A'^2|\psi\rangle\langle\psi|B'^2|\psi\rangle = \langle\psi_{A'}|\psi_{A'}\rangle\langle\psi_{B'}|\psi_{B'}\rangle \tag{9.12}$$

由 Schwarz 不等式得

$$\langle\psi_{A'}|\psi_{A'}\rangle\langle\psi_{B'}|\psi_{B'}\rangle \geqslant |\langle\psi_{A'}|\psi_{B'}\rangle|^2 = |\langle\psi|A'B'|\psi\rangle|^2$$
$$= \left|\langle\psi|\frac{1}{2}\{A',B'\}+\frac{1}{2}[A',B']|\psi\rangle\right|^2$$
$$\geqslant \frac{1}{4}|\langle\psi|[A',B']|\psi\rangle|^2 \tag{9.13}$$

所以有两个物理量 A,B 的不确定关系为

$$(\Delta A)^2(\Delta B)^2 = \langle\psi_{A'}|\psi_{A'}\rangle\langle\psi_{B'}|\psi_{B'}\rangle \geqslant \frac{1}{4}|\langle\psi|[A',B']|\psi\rangle|^2$$
$$= \frac{1}{4}|\langle\psi|[A,B]|\psi\rangle|^2$$

该不确定关系进一步改写为熟知的形式

$$\Delta A\Delta B \geqslant \frac{1}{2}|\langle\psi|[A,B]|\psi\rangle| \tag{9.14}$$

Schwarz 不等式$\langle\psi_{A'}|\psi_{A'}\rangle\langle\psi_{B'}|\psi_{B'}\rangle \geqslant |\langle\psi_{A'}|\psi_{B'}\rangle|^2$ 等号成立的条件为

$$|\psi_{A'}\rangle = (a+\mathrm{i}\alpha)|\psi_{B'}\rangle$$

式中 a,α 为实数。$\left|\langle\psi|\frac{1}{2}\{A',B'\}+\frac{1}{2}[A',B']|\psi\rangle\right|^2 \geqslant \frac{1}{4}|\langle\psi|[A',B']|\psi\rangle|^2$ 等号成立的条件为

$$\left|\langle\psi|\frac{1}{2}\{A',B'\}|\psi\rangle\right|^2 = 0$$

进一步得

$$\langle\psi|A'B'+B'A'|\psi\rangle = \langle\psi_{A'}|\psi_{B'}\rangle + \langle\psi_{B'}|\psi_{A'}\rangle = 0$$
$$\Rightarrow \quad |\psi_{A'}\rangle = i\alpha|\psi_{B'}\rangle$$

所以两个力学量 A,B 的不确定关系$(\Delta A)^2(\Delta B)^2 \geqslant \frac{1}{4}|\langle\psi|[A,B]|\psi\rangle|^2$ 等号成立的条件为

$$|\psi_{A'}\rangle = \mathrm{i}\alpha|\psi_{B'}\rangle$$

即

$$(A-\bar{A})|\psi\rangle = \mathrm{i}\alpha(B-\bar{B})|\psi\rangle \tag{9.15}$$

令 $A=q,B=p$,得位置动量的不确定关系

$$(\Delta q)^2(\Delta p)^2 \geqslant \frac{1}{4}|\langle\psi|\mathrm{i}\hbar|\psi\rangle|^2 = \frac{\hbar^2}{4} \tag{9.16}$$

上式即

$$\Delta q\Delta p \geqslant \frac{\hbar}{2}$$

我们还能得到满足位置动量最小不确定关系的量子态,事实上,最小不确定关系 $\Delta q\Delta p=\frac{\hbar}{2}$成立,则有

$$(q-\bar{q})|\psi\rangle = \mathrm{i}\alpha(p-\bar{p})|\psi\rangle \tag{9.17}$$

坐标表象下,(9.17)式变为

$$(q-\bar{q})\psi(q) = \mathrm{i}\alpha\left(-\mathrm{i}\hbar\frac{\mathrm{d}}{\mathrm{d}q}-\bar{p}\right)\psi(q)$$

进一步化简得

$$\alpha\hbar\frac{\mathrm{d}\psi(q)}{\mathrm{d}q} = (q-\bar{q}+\mathrm{i}\alpha\bar{p})\psi(q) \tag{9.18}$$

求解(9.18)式微分方程,并把波函数归一化得最小不确定关系的量子态

$$\psi(q) = (|\alpha|\pi\hbar)^{\frac{1}{4}}\mathrm{e}^{-\frac{(q-\bar{q})^2}{2|\alpha|\hbar}+\frac{\mathrm{i}\bar{p}q}{\hbar}} \tag{9.19}$$

该量子态就是我们熟知的相干态。

由一般的不确定关系 $\Delta A\Delta B\geqslant\frac{1}{2}|\langle\psi|[A,B]|\psi\rangle|$还能严格导出时间能量不确定关系,令 $B=E$,即 A 为任意物理量,B 为系统的能量,则有

$$\Delta E\Delta A \geqslant \frac{1}{2}|\langle\psi|[A,H]|\psi\rangle| = \frac{1}{2}\left|\langle\psi|\mathrm{i}\hbar\frac{\mathrm{d}A}{\mathrm{d}t}|\psi\rangle\right| = \frac{\hbar}{2}\frac{\mathrm{d}\bar{A}}{\mathrm{d}t} \tag{9.20}$$

式中使用了算符 A 满足的 Heisenberg 运动方程,于是得时间能量不确定关系

$$\Delta E\Delta A \geqslant \frac{\hbar}{2}\frac{\mathrm{d}\bar{A}}{\mathrm{d}t} \Rightarrow \Delta E\frac{\Delta A}{\frac{\mathrm{d}\bar{A}}{\mathrm{d}t}} \geqslant \frac{\hbar}{2} \Rightarrow \Delta E\cdot\tau \geqslant \frac{\hbar}{2} \tag{9.21}$$

式中 τ 为物理量 A 改变 ΔA 所需的时间间隔。

不确定关系往往用作物理中量级的估算,如光谱线的自然线宽。光谱线的产

生是由电子在两个能级间跃迁产生的，基态原子能级寿命为无穷大，因此能级没有展宽，但激发态的寿命不是无穷大而是有限时间 10^{-8} 秒，则激发态能级必定有一个展宽。由时间能量的不确定关系得

$$\Delta E \geqslant \frac{\hbar}{2\Delta t} \sim 3.3 \times 10^{-8}\ \text{eV} \tag{9.22}$$

谱线不再是一条理想的几何线，谱线的自然宽度也即是由不确定关系决定的激发态能级的展宽，因此谱线的自然线宽是没有任何办法能消除的。另一个实例是原子核内是否存在电子。早在1897年J. J. Thomson就发现了电子，人们错误地认为原子核是由质子和电子构成的，但用不确定关系的估算发现这是不可能的。原子核的尺度 $d = 10^{-14}$ m，由不确定关系知，粒子的动量为 $p_x \sim \hbar/(2d)$，需要用相对论公式估算电子动能 $E_{\mathrm{k}} \sim pc = \sqrt{3}\hbar c/(2d)$。电子的动能约为17 MeV，电子如果具有这么大的能量，那么它完全可以从原子核尺度范围内逃脱出去，因为 β 射线的能量最大约为1 MeV。

参 考 文 献

[1] Heisenberg W. Über den anschaulichen inhalt der quantentheoretischen kinematik und mechanik[J]. Zeitschrift für Physik, 1927, 43: 172-198.

[2] Bohr N. Das quantenpostulat und die neuere entwicklung der atomistik die[J]. Naturwissenschaften, 1928, 16: 245-257.

[3] Kennard E. Zur quantenmechanik einfacher bewegungstypen[J]. Zeitschrift für Physik, 1927, 44: 326-352.

第 10 章　Pauli 不相容原理

1913 年 Bohr 发表了具有里程碑意义的氢原子理论，该理论融合 Rutherford 有核原子模型和 Einstein 光量子理论，预言了原子内部定态的存在，完美解释了氢原子 Balmer 线系，给出了和实验完全符合的 Rydberg 常数[1-3]。1916 年 Sommerfeld 把氢原子 Bohr 圆轨道推广到椭圆轨道，考虑到相对论效应给出了和Dirac 方程算出完全一样的氢原子的能级公式[4]。1922 年 Bohr 升级了氢原子理论，指出了元素性质的周期性变化是由于原子内电子按一定壳层排列的结果，对元素周期律做出了物理的解释，Bohr 根据原子光谱的数据给出了主量子数 n 所在的(主)壳层最多能容纳的电子数为 $2n^2$[5]。1924 年 Stoner 采用了元素特征 X 射线量子数的标记方法，对 Bohr 壳层填充电子的方式重新排列[6]。在 Stoner 工作的基础上，1925 年 Pauli 发现了 Pauli 不相容原理，在 Stoner 三个量子数基础上引入了表述电子固有属性的第四个量子数，而且预言了第四量子数只有两个值[7]。我们知道 Pauli 不相容原理给出电子的第四量子数被 Uhlenbeck 和 Goudsmit 赋予自旋的含义[8]。Pauli 不相容原理一经发现，就很快被应用到刚建立的量子力学中。1926 年 Heisenberg 依据 Pauli 不相容原理构造出了氦原子两个电子的反对称波函数，解决了氦原子“正氦”“仲氦”光谱之谜[9]。同年 Dirac 也构造出了多电子的反对称波函数，而且他更进一步发现了满足 Pauli 不相容原理的全同粒子在不同能级不同温度下的分布[10]，早几个月 Fermi 也独立地发现了这个分布函数[11]。1931 年 Chandrasekhar 采用 Fermi-Dirac 统计计算了电子气的简并压，给出了白矮星的质量上限[12]。

10.1　Pauli不相容原理的发现

1916年Sommerfeld推广Bohr圆轨道到椭圆轨道，并且考虑到相对论效应后给出的氢原子能级公式为

$$E = -\frac{hcRZ^2}{n^2} - \frac{hcRZ^4\alpha^2}{n^4}\left(\frac{n}{n_\varphi} - \frac{3}{4}\right) + \cdots$$

式中 n 为主量子数，$n_\varphi = 1,2,3,\cdots,n$ 与字母s,p,d,f,g,…对应，为方位量子数(azimuthal)，表示椭圆轨道的形状，当 $n_\varphi = n$ 时，椭圆轨道变为圆轨道，类似于后来的轨道角动量量子数 l。方位角量子数最小只能为1，若为0，则电子没有轨道运动，这种情况不会出现。Sommerfeld的能级公式加上他给出的跃迁选择定则 $\Delta n_\varphi = \pm 1$ 可以较好地描述氢原子光谱的精细结构。为了表述问题的方便，我们将 n_φ 标记为 k_1。1922年Bohr根据原子光谱的数据给出了主量子数 n 所在的(主)壳层最多能容纳的电子数为 $2n^2$，而每个方位量子数 k_1 对应 n 个不同的值表示轨道的形状。电子在每个椭圆轨道(支壳层) k_1 是如何填充的呢？Bohr相当主观地认定将填充 $2n$ 个电子，这样闭壳层总共容纳的电子数就是 $2n \times n = 2n^2$，表10.1是Bohr给出的原子轨道能容纳的电子数。

表10.1中数据和 $2n^2$ 不完全符合的原因是原子中外层电子感受到的场与库仑场不完全相同，3d,4d,5d,…,4f,5f轨道对电子束缚松弛，能量较大，因此库仑场运动的内层电子能级主要是由主量子数 n 确定的。外层电子4s之后才能填3d,5s之后填4d,6s和5d之后才是4f,实验测得结果也与Bohr直觉给出的填充规则一致。电子填充壳方式，Bohr只考虑了两个量子数(n,k_1)，主观认定支壳层容纳电子的数量依赖于主量子数 n。

表10.1　Bohr提出的占有数

元素	原子序数	n_{k_1} 电子数														
		1_1	2_1	2_2	3_1	3_2	3_3	4_1	4_2	4_3	4_4	5_1	5_2	5_3	6_1	6_2
He	2	2														
Ne	10	2	4	4												

续表

元素	原子序数	n_{k_1} 电子数														
		1_1	2_1	2_2	3_1	3_2	3_3	4_1	4_2	4_3	4_4	5_1	5_2	5_3	6_1	6_2
Ar	18	2	4	4	4	4										
Kr	36	2	4	4	6	6	6	4	4							
Xe	54	2	4	4	6	6	6	6	6	6	–	4	4			
Rn	86	2	4	4	6	6	6	8	8	8	8	6	6	6	4	4

1924 年 Stoner 采用了元素特征 X 射线量子数的标记方法，对 Bohr 的壳层填充电子的方式重新划分。由于特征 X 射线的光谱和碱金属原子光谱的类似之处，Stoner 的划分方法也可以适用于对碱金属原子光谱的分析。描述特征 X 射线的量子数有三个(n,k_1,k_2)，n 和 k_1 和我们上述的意义相同，k_2 为 Sommerfeld 引入的内部量子数(inner)，标记特征 X 射线的双线结构(类似于碱金属双线精细结构)，三个量子数的现在的符号是 n,l,j。Landé 由双重态碱金属原子反常 Zeeman 效应的光谱推测出，对碱金属原子，给定其方位角量子数 k_1，k_2 的值严格地只有两个值，即 $k_2=k_1-1,k_1$，当 $k_1=1$ 时，$k_2=1$[13]。对应的跃迁选择定则为 $\Delta k_2=0,\pm 1$。Landé 指出 $k_2=0$ 向 $k_2=0$ 的跃迁是禁止的。量子数 k_2 用现在的符号 j 代替。Stoner 的划分方法使得轨道容纳的电子数不再依赖于 n，而只依赖于方位量子数 k_1，其轨道容纳电子数如表 10.2 所示。

表 10.2　Stoner 提出的占有数

元素	原子序数	n_{k_1} 电子数														
		1_1	2_1	2_2 (1+2)	3_1	3_2 (1+2)	3_3 (2+3)	4_1	4_2 (1+2)	4_3 (2+3)	4_4 (3+4)	5_1	5_2 (1+2)	5_3 (2+3)	6_1	6_2 (1+2)
He	2	2														
Ne	10	2	2	2+4												
Ar	18	2	2	2+4	2	2+4										
Kr	36	2	2	2+4	2	2+4	4+6	2	2+4							
Xe	54	2	2	2+4	2	2+4	4+6	2	2+4	4+6	–	2	2+4			
Rn	86	2	2	2+4	2	2+4	4+6	2	2+4	4+6	6+8	2	2+4	4+6	2	2+4

Stoner的划分方法是给定 k_1,k_2 将有两个值，每个 k_2 可以填充的电子数为 $2k_2$，从而在 k_1 确定时，可填充的电子数为 $2(k_1-1)+2k_1=2(2k_1-1)$。为什么每个 k_2 可填充的电子数为 $2k_2$ 呢?这个是Stoner从碱金属原子磁场中的光谱推知的，即 $2k_2$ 能给出简并的碱金属原子态在外磁场中分裂的能级数，如果每个分裂后的能级最多容纳一个电子，$2k_2$ 能给出同样主量子数的惰性气体闭壳层的电子数。举例来说，当锂原子 $n=2$ 的能级有2s和2p，2s对应的 $k_1=1$，$k_2=1$，2p对应的 $k_1=2$，$k_2=1$ 或 2，磁场中分裂的能级数是 k_2 的两倍，则2s分裂为2个能级，2p分裂为 $2+4=6$ 个能级，$n=2$ 共分裂为 $2+(2+4)=8$ 个能级(用现代术语来说，2s和sp的原子态为 $^2S_{1/2}$ 和 $^2P_{1/2}$，$^2P_{3/2}$，在外磁场中能级开裂数为 $2+2+4=8$)，总共容纳的电子数量也是8，恰好等于氖原子L壳层的电子数8。对确定的 n，k_1 的范围从1到 n，故对同一主量子数 n 的主壳层，最多容纳的电子数为 $\sum_1^n 2(2k_1-1)=2n^2$，和Bohr从原子光谱数据得到的结果相同。从He到Rn电子填充数目也不完全满足 $2n^2$，理由与Bohr情况的理由相同，Stoner电子填充支壳层的方式使用了三个量子数 (n,k_1,k_2)，k_2 取两个值 k_1,k_1-1，而 k_1 固定时支壳层容纳电子的数量借鉴了经验的惰性气体原子闭壳层的电子数量，支壳层容纳电子的数量仅依赖于 k_1。Stoner电子填充壳层的方式很快得到Sommerfeld的认同，Sommerfeld认为Stoner电子填充壳层的方式优于Bohr的方式。

从碱金属双线结构(特征X射线双线结构)出发，Landé将 k_2 的值设定为 k_1-1，k_1，Stoner认定这种非单值性来自于原子实的某种特性，原子实非单值性导出了磁反常(反常塞曼效应中与原子能级Lorentz正常3分裂的偏差)。1925年Pauli的一篇重要文章将磁反常归因为电子的一种非单值性，对碱金属而言采用Sommerfeld做法定义个总角动量 $j=k_2-1/2(2j+1=2k_2)$，j 表示角动量在外磁场中分量 m_1 的最大值，m_1 共有 $2j+1$ 个取值。为什么 m_1 有这样的取值呢?Zeeman效应的存在促使人们研究原子在磁场中的运动。如果原子处于磁场中，电子的轨道运动不再是平面，而是三维空间的曲线。磁场不是很强，它对电子运动的影响不是很大，电子的运动仍可以近似地看作一个平面上的运动，轨道平面绕着磁场方向缓慢旋进，此时三维运动实际上是研究在磁场下电子轨迹的取向问题。对于原子中电子的椭圆运动，1916年Sommerfeld发现轨道角动量 $p_\varphi=k_1\hbar$，用方位角量子数 k_1 描述，而轨道角动量在磁场方向的投影为 $p_\psi=n_\psi\hbar$，其中 n_ψ 共有 $2k_1+1$ 个取值，即 n_ψ

$= -k_1, -k_1+1, \cdots, 0, \cdots, k_1-1, k_1$。$n_\psi = 0$时电子轨道平面包含了磁场方向，1918年Bohr认为这种情况电子轨道平面不稳定，$n_\psi = 0$被禁止，因此n_ψ共有$2k_1$个取值[14]。极角动量p_φ在磁场方向的分量$p_\psi = n_\psi \hbar$取$2k_1$分立的值的现象被称为角动量的空间量子化。由碱金属原子确定的内部量子数k_2代表原子总角动量的大小，k_2有两个值k_1和k_1-1，对应两个轨道角动量$k_1 \cdot \hbar$和$(k_1-1)\cdot \hbar$，因此总角动量$k_2 \cdot \hbar$的两个角动量在外磁场方向分别有$2k_1$和$2(k_1-1)$个投影，统一表示为$2k_2$个投影。这样电子的状态用四个量子数n, k_1, k_2, m_1表示，其中前三个量子数的意义如前文所述。Pauli提出了一般规则(Pauli不相容原理)：原子中不可能有两个或两个以上的电子具有完全相同的四个量子数(n, k_1, k_2, m_1)(现在的符号为n, l, j, m_j)，电子具有某组四个量子数，这个量子态就被占据了。四个量子数(n, k_1, k_2, m_1)的现代符号为(n, l, j, m_j)，它们的取值不完全相同。具体来说，主量子数n和现代值一样；方位角量子数k_1和现代的轨道角动量量子数l的关系为$l = k_1 - 1$；由碱金属原子确定的内部量子数k_2和总角动量量子数j的关系为$j = k_2 - 1/2$，碱金属原子可以取两个值$j = k_1 - 1/2$或$k_1 - 3/2$；总磁量子数m_1有$2k_2$个取值，即$-k_2, -k_2+1, \cdots, -1, 0, 1, \cdots, k_2-1, k_2$，将$k_2 = j + 1/2$代入$2k_2$，就得到现代总磁量子数$m_j$有$2j+1$个取值，即$-j, -j+1, \cdots, j-1, j$。Pauli用这个一般规则可以解释Stoner的占有数，也能给出多电子原子原子态的相关信息，如碱土金属最低的原子态是$^1S_0$，而非$^3S_1$，两个等效电子p^2的原子态数目。对于给定的k_1，k_2可取k_1-1和k_1，当$k_2 = k_1 - 1$时，m_1的最大值为$j = k_1 - 3/2$，当$k_2 = k_1$时，m_1的最大值为$j = k_1 - 1/2$，所以m_1总共的取值为$2(k_1 - 3/2) + 1 + 2(k_1 - 1/2) + 1 = 2(2k_1 - 1)$；给定$n$的值，$k_1$的取值从1到$n$，于是有$\sum_1^n 2(2k_1 - 1) = 2n^2$，得到了Bohr和Stoner的结果。Pauli电子填充支壳层的方式使用了四个量子数(n, k_1, k_2, m_1)，k_2取两个值$k_1, k_1 - 1$，m_1共有$2k_2$个取值，最后得到支壳层容纳电子的数量也仅依赖于k_1。Pauli电子填充支壳层的方式和Stoner的结果一致，但Pauli的方法更基本，因为它不依赖于经验数据。

典型的碱土金属Mg的电子组态为[Ne]$3s^2$，电子的四个量子数$(3, 1, 1, \pm 1/2)$，$n = 3$是显然的，s轨道$k_1 = 1$，对应的k_2也只能等于1，m_1的最大值$k_2 - 1/2 = 1/2$，这样m_1的取值只能是$\pm 1/2$。根据Pauli的一般规律，前三个量子数相同Mg的两个价电子的m_1的值只能一个为1/2，另一个为$-1/2$，$\sum m_1 = 1/2$

$-1/2=0$,即基态不可能出现$^3S_1$,只可能是$^1S_0$。如果对两个等效的 p^2 电子呢?电子的四个量子数(n,k_1,k_2,m_1)应为 $k_1=2,k_2=1,2$,当 $k_2=1$ 时,$j=1/2$,$m_1=\pm1/2$,当 $k_2=2$ 时,$j=3/2,m_1=\pm1/2,\pm3/2$,由 Pauli 一般规则可求的原子态的总角动量量子数,如表 10.3 所示。由此可以得到两个 p^2 同科电子的原子态只有 5 个,对应的 J 值分别为 2,0 和 2,1,0,远少于非等效电子原子态的数目。

表 10.3　两个同科电子 p^2 的总角动量量子数 J

j	m_1	$\sum m_1$	J
1/2 1/2	+1/2　−1/2	0	0
3/2 1/2	±3/2　±1/2; ±1/2　±1/2	2 1 −1 −2; 1 0 0 −1	2,1
3/2 3/2	+3/2　−3/2; ±3/2　±1/2; +1/2　−1/2	0; 2 1 −1 −2; 0	2,0

在强磁场(Paschen-Back 效应)的情况下 Pauli 还用了另一组量子数描述原子中电子的状态(n,k_1,m_1,m_2),前三个量子数如上文所述,第四个量子数表示价电子磁矩在外磁场方向的分量,它决定了电子对磁场中原子附加能量的贡献。m_2的值只能取两个 $m_1+1/2$ 和 $m_1-1/2$,表达了所谓的磁反常,和碱金属原子两能级分裂联系起来。这组量子数与现在的表示(n,l,m_j,m_s)很类似,事实上强磁场中原子附加的能量 $\Delta E=-\boldsymbol{\mu}\cdot\boldsymbol{B}=(m_l+2m_s)\mu_B B=(m_j+m_s)\mu_B B$,以 $\mu_B B$ 为单位量子数即为 $m_j+m_s=m_j\pm1/2$,和 Pauli 的结果一致。由于强磁场情况下电子轨道角动量和自旋角动量不再耦合,m_j 或 m_1 并不意味着轨道角动量和自旋角动量真正的合成,而 Pauli 给出的 m_2的取值只有两个:$m_1+1/2$ 和 $m_1-1/2$。磁反常和碱金属原子光谱的双线结构预示着表征电子自身磁矩的第四自由度的出现,区别于电子轨道角动量磁矩的量子数。Pauli 预测表征电子的第四自由度的量子数应该是半整数,由第四自由度的量子数计算出的碱金属 s 谱项的朗德因子等于 2,第四自由度的磁量子数应该是双值的,电子的第四自由度应该是经典物理无法描述的。Pauli 几乎预测了电子自旋的所有特征,就是没提自旋两个字。后来 Uhlenbeck 和 Goudsmit 提出:Pauli 预测的电子的第四自由度就是电子自旋角动量。

10.2　Pauli 不相容原理的四个重要应用

Pauli 不相容原理是近代物理中一个基本的原理，由此可以导出很多的结果，这里我们列举该原理在近代物理中四个重要的应用，即确定同科电子原子态，氦原子能级之谜，Fermi-Dirac 统计和白矮星的电子简并压。

10.2.1　同科电子原子态的确定

原子中电子的状态用四个量子数(n,l,m_l,m_s)描述，其中 n 为主量子数，l 为轨道角动量量子数，m_l为轨道磁量子数，m_s为自旋磁量子数。这里我们使用的四个量子数是现代通用的标记方法，而非 Pauli 当时采用的标记。主量子数 n 和轨道角动量量子数 l 的电子称为同科电子，同科电子的原子态需要考虑到 Pauli 不相容原理的限制。Pauli 不相容原理表述为在原子中不可能有两个或两个以上电子具有完全相同的四个量子数(n,l,m_l,m_s)。我们要考察的同科电子依然是两个 p^2 电子[15]。

由于量子数 n 和 l 是相同的，电子的量子态需要用(m_l,m_s)来标记，两个电子的状态用$(m_{l1}m_{s1},m_{l2}m_{s2})$表示。我们用↑和↓分别表示 $m_s=1/2$ 和 $m_s=-1/2$。如(1↑,−1↓)代表 $m_1=1, m_{s1}=1/2$ 和 $m_2=-1, m_{s2}=-1/2$，p^2两个电子 $m_{l1}=0,\pm1, m_{l2}=0,\pm1, M_L=m_{l1}+m_{l2}$变化范围为 2,1,0,−1,−2。同样 $m_{s1}=\pm1/2, m_{s2}=\pm1/2, M_S=m_{s1}+m_{s2}$变化范围为 1,0,−1。受到 Pauli 不相容原理的限制，p^2两个电子可能的量子态如表 10.4 所示。

表 10.4　p^2 可能的量子态

$(np)^2$		M_S		
		1	0	−1
M_L	2		(1↑,1↓)	
	1	(1↑,0↑)	(1↑,0↓)(1↓,0↑)	(1↓,0↓)
	0	(1↑,−1↑)	(1↑,−1↓)(1↓,−1↑)(0↑,0↓)	(1↓,−1↓)

续表

$(np)^2$		M_S		
		1	0	−1
M_L	−1	(0↑, −1↑)	(0↑, −1↓)(0↓, −1↑)	(0↓, −1↓)
	−2		(−1↑, −1↓)	

Slater 提出将表 10.4 所示的量子态画在 M_S-M_L 坐标平面上，每个圈代表不同的 M_S-M_L 值，圈里面的数字表示 M_S-M_L 值的数目，显然我们可以将表 10.4 转换到如图 10.1 所示的 Slater 图中。为求出原子态，我们需要将 Slater 图拆分成三个小 Slater 图，如图 10.2 所示，拆分的原则是使小 Slater 图的每个圈里面只有一个 M_S-M_L 值，总的状态数不变。显然这 3 个小 Slater 图各代表的原子态分别为 $^1D_2$，$^3P_{2,1,0}$，$^1S_0$。采用 Slater 图表法可以求出任意同科电子的原子态，但是列出 Pauli 不相容原理允许的同科电子的量子态是非常麻烦的事。我们求得的 5 个原子态 $^1D_2$，$^3P_{2,1,0}$，$^1S_0$ 的总角动量 J 的值和 Pauli 最初求的结果完全一致，即 J 值分别为 2，0 和 2，1，0。如果没有 Pauli 不相容原理的限制，如 $npn'p$ 的原子态在 LS 耦合时共有 10 个，即 $^1D_2$，$^1P_1$，$^1S_0$ 和 $^3D_{321}$，$^3P_{210}$，$^3S_1$，远多于同科电子的原子态。

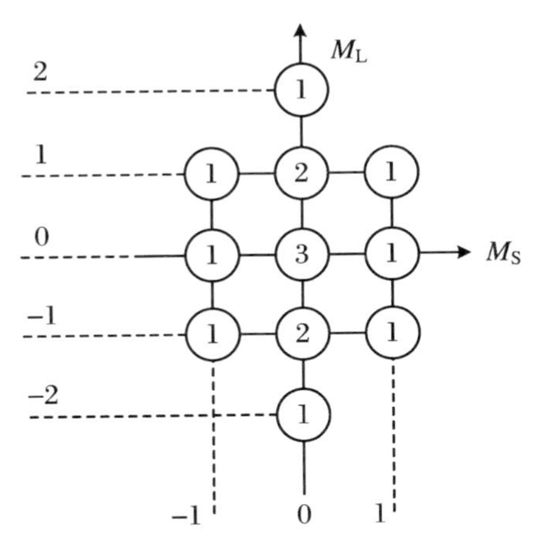

图 10.1　Slater 图

10.2.2　氦原子能级之谜

借助于 Pauli 不相容原理，Heisenberg 提出了多电子原子的波函数具有反对

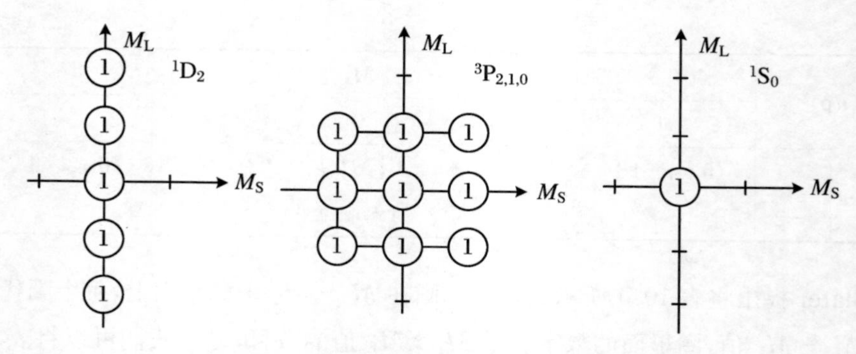

图 10.2 Slater 图拆分成的 3 个小图

称性,最早揭开了氦原子能级之谜。氦原子核带两个单位正电荷 $2e$,核外有两个电子,以核为坐标原点,以 $\boldsymbol{r}_1, \boldsymbol{s}_1$ 和 $\boldsymbol{r}_2, \boldsymbol{s}_2$ 表示两个电子的坐标和自旋。氦原子的 Hamilton 算符

$$H = -\frac{\hbar^2}{2m}\nabla_1^2 - \frac{\hbar^2}{2m}\nabla_2^2 - \frac{2e^2}{r_1} - \frac{2e^2}{r_2} + \frac{e^2}{r_{12}} \tag{10.1}$$

上式采用了电磁学中的高斯单位制,r_1, r_2 表示矢量 $\boldsymbol{r}_1, \boldsymbol{r}_2$ 的长度,$r_{12} = |\boldsymbol{r}_1 - \boldsymbol{r}_2|$ 表示两电子间的距离。不考虑自旋和轨道的相互作用,Hamilton 量中不含自旋变量,因此氦原子定态波函数可写成空间波函数和自旋波函数的乘积,即

$$\Phi(\boldsymbol{r}_1, \boldsymbol{r}_2, s_{1z}, s_{2z}) = \psi(\boldsymbol{r}_1, \boldsymbol{r}_2)\chi(s_{1z}, s_{2z}) \tag{10.2}$$

空间波函数满足的方程是定态 Schrödinger 方程

$$H\psi(\boldsymbol{r}_1, \boldsymbol{r}_2) = E\psi(\boldsymbol{r}_1, \boldsymbol{r}_2) \tag{10.3}$$

为了求得氦原子的能级,可以采用微扰法。将哈密顿算符写成 $H = H_0 + H'$,把 H' 电子间相互作用视为微扰

$$H_0 = -\frac{\hbar^2}{2m}\nabla_1^2 - \frac{\hbar^2}{2m}\nabla_2^2 - \frac{2e^2}{r_1} - \frac{2e^2}{r_2} \tag{10.4}$$

$$H' = \frac{e^2}{r_{12}} \tag{10.5}$$

以 ε_i 和 ψ_i 表示类氢原子的能级和本征波函数,则有

$$\left(-\frac{\hbar^2}{2m}\nabla_i^2 - \frac{2e^2}{r_i}\right) = \varepsilon_i\psi_i \tag{10.6}$$

态 $\psi_n(\boldsymbol{r}_1)\psi_m(\boldsymbol{r}_2)$ 表示第一个电子处于 n 态,第二个电子处于 m 态,$\psi_m(\boldsymbol{r}_1)\psi_n(\boldsymbol{r}_2)$ 表示第一个电子处于 m 态,第二个电子处于 n 态,两种情况下 H_0 的本征值均为

$E_0 = \varepsilon_n + \varepsilon_m$.

设两个电子的状态不同，即 $m \neq n$，我们要想求出氦原子的能级，必须构造没有相互作用时两电子的零级波函数。Pauli 不相容原理给出了构造零级波函数的基本限制，原子中每一个量子态最多只能填充一个电子，当然也可以不填充电子。由 Pauli 不相容原理限制的零级波函数必然是反对称的，例如 $\Phi(1,2) = \varphi_i(1)\varphi_j(2)$ 第一个电子空间波函数处于 i 态，第二个电子空间波函数处于 j 态，满足 Pauli 不相容原理的两个电子的反对称波函数

$$\Phi_A(1,2) = \Phi(1,2) - \Phi(2,1) = \frac{1}{\sqrt{2}}[\varphi_i(1)\varphi_j(2) - \varphi_i(2)\varphi_j(1)] \tag{10.7}$$

容易验证 $\Phi_A(1,2) = -\Phi_A(2,1)$，两个电子都处于 i 态，$\Phi_A(1,2) = 0$，即不可能有两个或两个以上的电子处于同一个量子态。在不考虑自旋轨道相互作用的情况下，电子的空间波函数和自旋波函数是分离的，即(10.2)式。满足 Pauli 不相容原理的零级波函数满足(10.7)式就会出现两种情况：

(1) 空间波函数是对称的，自旋波函数是反对称的，即

$$\psi_S^0 = \frac{1}{\sqrt{2}}[\psi_n(\boldsymbol{r}_1)\psi_m(\boldsymbol{r}_2) + \psi_m(\boldsymbol{r}_1)\psi_n(\boldsymbol{r}_2)] \tag{10.8}$$

$$\chi_A^0 = \frac{1}{\sqrt{2}}[\chi_\uparrow(1)\chi_\downarrow(2) - \chi_\uparrow(2)\chi_\downarrow(1)] \tag{10.9}$$

不难证明 $S_Z\chi_A^0 = (S_{1Z} + S_{2Z})\chi_A^0 = 0$，两电子自旋总是反向的，总自旋角动量为 0。

(2) 空间波函数是反对称的，自旋波函数是对称的，即

$$\psi_A^0 = \frac{1}{\sqrt{2}}[\psi_n(\boldsymbol{r}_1)\psi_m(\boldsymbol{r}_2) - \psi_m(\boldsymbol{r}_1)\psi_n(\boldsymbol{r}_2)] \tag{10.10}$$

$$\chi_S^0 = \begin{cases} \chi_\uparrow(1)\chi_\uparrow(2) \\ \frac{1}{\sqrt{2}}[\chi_\uparrow(1)\chi_\downarrow(2) + \chi_\uparrow(2)\chi_\downarrow(1)] \\ \chi_\downarrow(1)\chi_\downarrow(2) \end{cases} \tag{10.11}$$

两电子总自旋为 $\hbar$，z 方向投影分别为 $\hbar, 0, -\hbar$，这个结果由下式可以看到：

$$S_Z\chi_S^0 = S_Z\begin{cases} \chi_\uparrow(1)\chi_\uparrow(2) \\ \frac{1}{\sqrt{2}}[\chi_\uparrow(1)\chi_\downarrow(2) + \chi_\uparrow(2)\chi_\downarrow(1)] \\ \chi_\downarrow(1)\chi_\downarrow(2) \end{cases} = \begin{cases} \hbar\chi_\uparrow(1)\chi_\uparrow(2) \\ 0 \\ -\hbar\chi_\downarrow(1)\chi_\downarrow(2) \end{cases}$$

有了满足 Pauli 不相容原理的零级波函数，得到一级近似下能量修正：

① 自旋波函数反对称时，总自旋为 0 的“仲氦”

$$E_A^1 = \frac{1}{2}\int[\psi_n^*(\boldsymbol{r}_1)\psi_m^*(\boldsymbol{r}_2) + \psi_m^*(\boldsymbol{r}_1)\psi_n^*(\boldsymbol{r}_2)]\frac{e^2}{r_{12}} \cdot [\psi_n(\boldsymbol{r}_1)\psi_m(\boldsymbol{r}_2) + \psi_m(\boldsymbol{r}_1)\psi_n(\boldsymbol{r}_2)]\mathrm{d}\tau_1\mathrm{d}\tau_2 = K + J \tag{10.12}$$

式中

$$K = \int |\psi_n(\boldsymbol{r}_1)|^2 \frac{e^2}{r_{12}} |\psi_m(\boldsymbol{r}_2)|^2 \mathrm{d}\tau_1\mathrm{d}\tau_2 = \int |\psi_m(\boldsymbol{r}_1)|^2 \frac{e^2}{r_{12}} |\psi_n(\boldsymbol{r}_2)|^2 \mathrm{d}\tau_1\mathrm{d}\tau_2$$

$$J = \int \psi_n^*(\boldsymbol{r}_1)\psi_m(\boldsymbol{r}_1)\frac{e^2}{r_{12}}\psi_m^*(\boldsymbol{r}_2)\psi_n(\boldsymbol{r}_2)\mathrm{d}\tau_1\mathrm{d}\tau_2 = \int \psi_m^*(\boldsymbol{r}_1)\psi_n(\boldsymbol{r}_1)\frac{e^2}{r_{12}}\psi_n^*(\boldsymbol{r}_2)\psi_m(\boldsymbol{r}_2)\mathrm{d}\tau_1\mathrm{d}\tau_2$$

式中 K 和 J 分别称为两个电子相互作用库仑能和交换能。

② 自旋波函数对称时，总自旋为 $\hbar$ 的“正氦”

$$E_S^1 = \frac{1}{2}\int[\psi_n^*(\boldsymbol{r}_1)\psi_m^*(\boldsymbol{r}_2) - \psi_m^*(\boldsymbol{r}_1)\psi_n^*(\boldsymbol{r}_2)]\frac{e^2}{r_{12}} \cdot [\psi_n(\boldsymbol{r}_1)\psi_m(\boldsymbol{r}_2) - \psi_m(\boldsymbol{r}_1)\psi_n(\boldsymbol{r}_2)]\mathrm{d}\tau_1\mathrm{d}\tau_2 = K - J \tag{10.13}$$

由(10.12)式和(10.13)式，我们得到氦原子的能量分别为

$$\begin{cases} E_A^1 = \varepsilon_n + \varepsilon_m + K + J \\ E_S^1 = \varepsilon_n + \varepsilon_m + K - J \end{cases} \quad (n \neq m) \tag{10.14}$$

从上式可以看出氦原子实际上有两套能级，一套是自旋为 0 的“仲氦”能级，另一套是自旋为 $\hbar$ 的“正氦”，而不是自然界存在“正氦”和“仲氦”两种氦原子。同一电子组态形成的“仲氦”能级要比“正氦”能级高，符合 Hund 定则。当然要得到氦原子更精细的能级结构还需要进一步考虑自旋轨道相互作用，才可能和实验符合得更好。

氦原子基态时的能量如何确定的呢？基态的电子组态为 $1s_2$，对应于 $n = m = 1$，四个量子数只能取(1,0,0,+1/2)和(1,0,0,−1/2)，电子自旋波函数必须是反对称的，相应的零级空间波函数是对称的(10.8)式。事实上若取电子自旋波函数

为对称的，相应的零级空间波函数取反对称的(10.10)式，很显然 $n=m=1$，$\psi_A^0=0$。取基态零级空间波函数

$$\psi_S^0=\psi_1(\boldsymbol{r}_1)\psi_1(\boldsymbol{r}_2)=\frac{8}{\pi a_0^3}\mathrm{e}^{-2(r_1+r_2)/a_0} \tag{10.15}$$

式中 a_0 为玻尔半径，能级的一级修正

$$\begin{aligned}E^1&=\int\psi_S^{0*}\frac{e^2}{r_{12}}\psi_S^0\mathrm{d}\tau_1\mathrm{d}\tau_2\\&=\left(\frac{8e}{\pi a_0^3}\right)^2\int\frac{\exp[-4(r_1+r_2)/a_0]}{|\boldsymbol{r}_1-\boldsymbol{r}_2|}\mathrm{d}\tau_1\mathrm{d}\tau_2\end{aligned} \tag{10.16}$$

式(10.16)的积分见文献[16]，得到氦原子基态能量为 -74.83 eV，比实验值 -78.98 eV 大，误差较大的原因是微扰项 $H'=e^2/r_{12}$ 与其他势能项相比并不算太小。

10.2.3　Fermi-Dirac统计

1926年Fermi发现了遵循Pauli不相容原理的单原子理想气体所遵循的被称为Fermi-Dirac分布的函数，但Fermi没有给出具体的导出过程。Fermi依据Fermi-Dirac分布函数研究低温下单原子理想气体量子化(简并)问题，Fermi给出了理想气体的平均动能、压强、熵和比热的表示式(与温度成正比)，解决了金属中自由电子对比热贡献的难题[11]。

同年Dirac一篇研究量子力学理论的文章中构造出满足Pauli不相容理论的多粒子体系的反对称波函数，Dirac还意识到满足Bose-Einstein统计的波函数是多粒子波函数是对称的。Dirac还独立地导出了满足Pauli不相容原理的全同粒子在不同能级不同温度下的Fermi-Dirac分布函数[10]，依据Fermi-Dirac分布函数还研究了Fermi气体的能量、压强并且指出了Fermi气体比热正比于温度的一次方，还发展了微扰论给出了Einstein受激辐射理论中B系数的表达式。这里我们跟随Dirac从Pauli不相容原理出发导出了Fermi-Dirac分布函数。

设 A_s 为s能级量子态的数目，E_s 为s能级中粒子的能量，那么 N_s 个粒子如何占据 A_s 个量子态呢？依据Pauli不相容原理，每个粒子只能占据一个量子态，很显然 N_s 个粒子占据 A_s 个量子态可能选法共有 $\mathrm{C}_{A_s}^{N_s}$ 种，再对一切可能的s能级连乘得到所有的选法，即

$$W = \prod_s \frac{A_s!}{N_s!(A_s - N_s)!} \tag{10.17}$$

借助于 Sterling 公式 $N! \simeq N^N$，得到 Boltzmann 熵的表达式

$$S = k_B \ln W = k_B \sum_s \{A_s(\ln A_s - 1) - N_s(\ln N_s - 1) - (A_s - N_s)[\ln(A_s - N_s) - 1]\} \tag{10.18}$$

式中 k_B 为 Boltzmann 常数。最概然分布是包含可能性最多的平衡态，对(10.18)式 Boltzmann 熵求极值得

$$0 = \delta S = k_B \sum_s \ln(A_s/N_s - 1) \cdot \delta N_s \tag{10.19}$$

束缚条件为总粒子数 $N = \sum_s N_s$ 和总能量 $E = \sum_s E_s N_s$ 不变，即

$$0 = \delta N = \sum_s \delta N_s, \quad 0 = \delta E = \sum_s E_s \delta N_s \tag{10.20}$$

由此得到

$$0 = \alpha \delta N + \beta \delta E = \sum_s (\alpha + \beta E_s) \delta N_s \tag{10.21}$$

式中 α，β 为待定系数，比较(10.19)式和(10.21)式，得到

$$\ln(A_s/N_s - 1) = \alpha + \beta E_s$$

上式整理得到 Fermi-Dirac 分布函数

$$N_s = \frac{A_s}{e^{\alpha + \beta E_s} + 1} \tag{10.22}$$

让总能量 E 变化，在考虑到(10.19)式和关系式 $\delta E/\delta S = T$，容易确定 $\beta = 1/(k_B T)$。α 和气体的化学势和温度有关，具体结果为 $\alpha = -\mu/(k_B T)$[17]。从 Dirac 导出的 Fermi-Dirac 分布函数过程来看，Pauli 不相容原理起到了决定性的作用，即Fermi-Dirac分布是满足 Pauli 不相容原理的粒子的数目随能级和温度变化的分布函数。

10.2.4　Bose-Einstein 统计

1924 年，Bose 将数目不守恒的光子视为全同粒子提出了一种新的统计方法，导出了 Planck 黑体辐射公式[18]。Einstein 进一步将这种统计方法应用到粒子数确定的理想气体，预言了 Bose-Einstein 凝聚现象[19,20]。因此这种新的统计又称为 Bose-Einstein 统计，相比 Fermi-Dirac 统计，Bose-Einstein 统计适用的全同粒子不

受 Pauli 不相容原理的限制，后来证明这类全同粒子是自旋为整数的 Bose 子，而 Fermi-Dirac 统计适用的粒子是自旋为半整数的 Fermi 子。

设 A_s 为 s 能级量子态的数目，E_s 为 s 能级中粒子的能量，那么 N_s 个粒子如何占据 A_s 个量子态呢？一个量子态可以容纳每个粒子的任意个粒子，很显然 N_s 个粒子占据 A_s 个量子态的可能选法共有组合数 $\frac{(A_s+N_s-1)!}{(A_s-1)!\ N_s!}$ 种。这个结果是容易理解的，如图 10.3 所示，每个量子态用两条竖线的间隔表示，5 个量子态需要 6 条竖线，但边界的两个竖线需要固定。这样把 10 个 Bose 子放置到（占据）5 个量子态中共有 $(5-1+10)!$ 种情况，由于粒子不可分辨，所有情况应该除以 10!，量子态也不需要排列，也应该除以 $(5-1)!$，这样总共有 $\frac{(5-1+10)!}{(5-1)!\ 10!}$ 种占据方法，推广到 N_s 个全同粒子占据 A_s 个量子态就得到上述结果。对一切可能的 s 能级连乘得到的所有选法为

$$W = \prod_s \frac{(A_s + N_s - 1)!}{(A_s - 1)!N_s!} \tag{10.23}$$

借助于 Stirling 公式 $N! \simeq N^N$，得到 Boltzmann 熵

$$\begin{aligned} S &= k\ln W \\ &= k\sum_s[(A_s + N_s - 1)\ln(A_s + N_s - 1) \\ &\quad - (A_s - 1)\ln(A_s - 1) - N_s\ln N_s] \end{aligned} \tag{10.24}$$

最概然分布是包含可能性最多的平衡态，对粒子数 N_s 变分得

$$0 = \delta S = k\sum_s \ln(A_s/N_s + 1)\cdot\delta N_s \tag{10.25}$$

束缚条件为总粒子数 $N=\sum_s N_s$ 和总能量 $E=\sum_s E_s N_s$ 不变

$$\begin{aligned} &0 = \delta N = \sum_s \delta N_s,\quad 0 = \delta E = \sum_s E_s\delta N_s \\ &\Rightarrow\quad 0 = \alpha\delta N + \beta\delta E = \sum_s(\alpha + \beta E_s)\delta N_s \end{aligned} \tag{10.26}$$

式中 α,β 为待定系数。比较(10.25)和(10.26)两式得

$$N_s = \frac{A_s}{e^{\alpha+\beta E_s} - 1} \tag{10.27}$$

(10.27)式即 Bose-Einstein 分布函数。

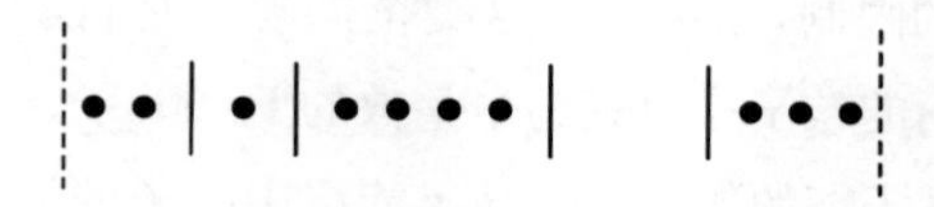

图 10.3　10 个 Bose 子占据 5 个量子态

Fermi-Dirac 分布函数和 Bose-Einstein 分布函数都含有待定系数 α,β,需要将它们确定下来,将 Fermi-Dirac 分布函数和 Bose-Einstein 分布函数统一写为

$$N_s = \frac{A_s}{e^{\alpha+\beta E_s} \pm 1} \tag{10.28}$$

则巨正则系统的配分函数为

$$\Xi = \prod_s (1 \pm e^{-\alpha-\beta E_s})^{\pm A_s}$$

进一步得

$$\ln \Xi = \pm \sum_s A_s \ln(1 \pm e^{-\alpha-\beta E_s}) \tag{10.29}$$

不难导出力学量总粒子数平均值 $\bar{N}$、内能 $\bar{E}$ 及外界作用力平均值 $\bar{Y}_s$ 的巨配分函数表示为

$$\begin{cases} \bar{N} = -\dfrac{\partial \ln \Xi}{\partial \alpha} \\ \bar{E} = -\dfrac{\partial \ln \Xi}{\partial \beta} \\ \bar{Y}_s = -\dfrac{1}{\beta}\dfrac{\partial \ln \Xi}{\partial y_s} \end{cases} \tag{10.30}$$

由(10.30)式可得

$$\beta\left[\left(d\bar{E} - \sum_s \bar{Y}_s dy_s\right) + \frac{\alpha}{\beta} d\bar{N}\right] = d\left(\ln \Xi - \alpha\frac{\partial \ln \Xi}{\partial \alpha} - \beta\frac{\partial \ln \Xi}{\partial \beta}\right) \tag{10.31}$$

又由热力学第一、第二定律得

$$d\bar{E} = TdS + \sum_s \bar{Y}_s dy_s + \mu d\bar{N}$$

将上式整理成

$$\frac{1}{T}\left[d\bar{E} - \sum_s \bar{Y}_s dy_s - \mu d\bar{N}\right] = dS \tag{10.32}$$

由(10.31)式和(10.32)式知 $\beta, 1/T$ 均为即积分因子,它们应该差一个常数,即 $\beta = \frac{1}{kT}$。将(10.30)式的广义力 $\bar{Y}_s = -\frac{1}{\beta}\frac{\partial \ln \Xi}{\partial y_s}$ 用到单原子分子理想气体得

$$p = \frac{1}{\beta}\frac{N}{V}$$

式中 p 为系统压强，N 为系统分子数，V 为系统体积，再由理想气体的状态方程得 $p=\frac{N}{V}kT$，由此得到 $\beta=\frac{1}{kT}$ 中的常数 k 实为 Boltzmann 常数。比较(10.31)式和(10.32)式得到 Fermi-Dirac 分布和 Bose-Einstein 分布中的待定系数分别为

$$\alpha = -\frac{\mu}{kT},\quad \beta = \frac{1}{kT} \tag{10.33}$$

也能得到系统的熵的巨配分函数的表达式，即

$$S = k\left(\ln \Xi - \alpha\frac{\partial \ln \Xi}{\partial \alpha} - \beta\frac{\partial \ln \Xi}{\partial \beta}\right)$$

10.2.5　电子简并压和白矮星

设 $n=N/V$ 为气体分子数密度，$\lambda = h/\sqrt{2\pi m k_B T}$ 为分子的 de Broglie 波长，如果气体中分子的平均距离远小于 de Broglie 波长，则称气体为强简并气体。用公式表示为 $n\lambda^3 \gg 1$，强简并的气体必须用 Bose 统计或 Fermi 统计来计算其热力学量。白矮星的氢燃料已耗尽，星体物质基本上是核聚变的产物氦，白矮星发出亮度很小的白光，其能量来自星体缓慢收缩所释放的引力势能。白矮星的质量密度和太阳相当，为 10^{10} kg/m^3，中心温度为 10^7 K，对应 de Broglie 波长为 0.023 6 nm，电子密度约为 10^{36} m^{-3}，$n\lambda^3 = 13\,000 \gg 1$，因此白矮星上的电子气为强简并气体。白矮星的 Fermi 温度约 $T_F = 3\times10^9$ K，远高于白矮星的温度，因此粗略估算电子简并压可以用 0 K。详细计算有限温度的简并压也可以，不过稍微繁琐了一点，为了概念清晰又不失一般性，这里以 0 K 估算电子简并压[21]。

由 Fermi-Dirac 分布，温度为 T 时在能量为 ε 的一个量子态的平均电子数

$$f = \frac{1}{\exp[(\varepsilon-\mu)/(k_B T)]+1} \tag{10.34}$$

在 0 K 时，以 $\mu(0)$ 表示电子气的化学势，由(10.34)式，知

$$f = \begin{cases} 1, & \varepsilon < \mu(0) \\ 0, & \varepsilon > \mu(0) \end{cases} \tag{10.35}$$

(10.35)式物理意义明确，如图 10.4 所示，0 K 时在 $\varepsilon<\mu(0)$ 的每一个量子态平均电子数为 1，而在 $\varepsilon>\mu(0)$ 的每一个量子态的平均电子数为 0。在 0 K 时电子将尽

可能占据能量最低的态，但 Pauli 不相容限制每一个量子态最多只能容纳一个电子，因此电子从 $\varepsilon = 0$ 的状态依次填充至 $\mu(0)$ 为止，$\mu(0)$ 是 0 K 时电子的最大能量。如何确定 $\mu(0)$ 呢？

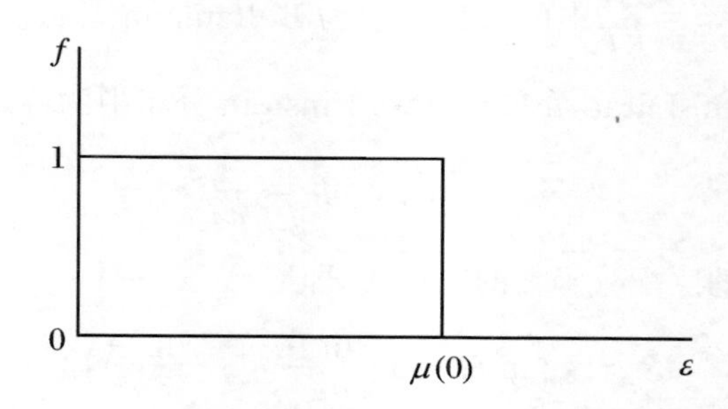

图 10.4　0 K 时 Fermi-Dirac 分布函数

在体积 V 内，在 $\varepsilon \sim \varepsilon + d\varepsilon$ 能量范围内，电子的量子态数

$$D(\varepsilon)d\varepsilon = \frac{4\pi V}{h^3}(2m)^{3/2}\varepsilon^{1/2}d\varepsilon \tag{10.36}$$

在其范围内电子的数目为

$$\frac{4\pi V}{h^3}(2m)^{3/2}\int_0^\infty \frac{\varepsilon^{1/2}d\varepsilon}{\exp[(\varepsilon-\mu)/k_B T]+1} = N \tag{10.37}$$

考虑到(10.35)式，上述积分变为

$$\frac{4\pi V}{h^3}(2m)^{3/2}\int_0^{\mu(0)} \varepsilon^{1/2}d\varepsilon = N \tag{10.38}$$

由此得到

$$\mu(0) = \frac{\hbar^2}{2m}\left(3\pi^2\frac{N}{V}\right)^{2/3} \tag{10.39}$$

0 K 时电子气的内能

$$U(0) = \frac{4\pi V}{h^3}(2m)^{3/2}\int_0^{\mu(0)} \varepsilon^{3/2}d\varepsilon = \frac{3N}{5}\mu(0) \tag{10.40}$$

由(10.40)式得到白矮星电子气的简并压

$$p(0) = \frac{2}{3}\frac{U(0)}{V} = \frac{2}{5}n\mu(0) = \frac{2}{5}(3\pi^2)^{2/3}\frac{\hbar^2}{2m}\left(\frac{N}{V}\right)^{5/3} \tag{10.41}$$

白矮星电子简并压是 Pauli 不相容原理和电子气具有高密度的结果。

白矮星的质量和维系星体的引力主要来自氦核，在氦核的背景上存在高度简并的电子气体，白矮星的存在就是电子气体简并压和引力达到暂态平衡的结果。

在考虑电子气体简并压和引力平衡时,我们忽略氦核产生的压强。

假设白矮星是球形的,由于电子简并压的存在,当星体半径绝热改变 $\mathrm{d}R$ 时其内能的改变

$$\mathrm{d}E = -p4\pi R^2\mathrm{d}R \tag{10.42}$$

白矮星引力势能可以表示成 $E_g = -\alpha\dfrac{Gm_w^2}{R}$,$m_w$为星体质量,$G$ 为万有引力常数,α 为系数,取决于星体密度的分布。当星体半径改变时,引力势能的改变

$$\mathrm{d}E_g = \alpha\frac{Gm_w^2}{R^2}\mathrm{d}R \tag{10.43}$$

(10.42)式和(10.43)式的能量改变之和为 0,得

$$p = \frac{\alpha}{4\pi}\frac{Gm_w^2}{R^4} \tag{10.44}$$

考虑到(10.41)式和(10.44)式,注意到 $N/V\sim\rho\sim m_w/R^3$,我们得到 $R\sim m_w^{-1/3}$,白矮星质量越大,其半径越小。考虑到极端相对论情形下电子气体的简并压,还能求出白矮星的质量上限约为太阳质量的 1.44 倍,此极限为 Chandrasekhar 极限[12]。若白矮星质量小于 Chandrasekhar 极限,则星体将膨胀而降低电子动能,使电子变成非相对论电子,电子气简并压和引力到达平衡。若星体质量大于 Chandrasekhar 极限,电子气简并压不足以抗衡自引力,星体将坍缩,此时电子和质子结合为中子,中子气体的简并压和自引力暂态平衡形成中子星。如果星体质量进一步增大,中子简并压也不足以抵抗自引力,此时星体坍缩为宇宙中的终极怪物——黑洞。

10.3 Pauli 的学术环境

我们叙述了 Pauli 不相容原理的发现过程和该原理四个重要的应用,即确定同科电子的原子态,氦原子能级之谜,Fermi-Dirac 统计和白矮星的电子简并压。通过这段历史读者能够清楚地了解 Pauli 不相容发现时的物理学的状况,从 Pauli 不相容原理的四个重要的应用来看,读者也更深刻地理解该原理的基础地位。我们十分钦佩天才 Pauli,是他首先发现了这个重要的原理,但我们不应产生误解,想当

然地以为天才拍拍脑袋凭空想象就能做出重要的发现。其实不然，伟大的天才做出伟大的发现，也不是轻而易举的，而是一个十分艰苦的过程。他们的工作过程遵循一般的科研活动规律，即具有扎实的基础知识，追踪最新的研究进展，具有对诸多实验现象分析归纳总结的能力，积极参与热烈的学术讨论。Pauli 师从 Sommerfeld，从老师那儿经过扎实的学习，掌握了全面的基础知识，包括原子物理的知识，甚至是相对论的知识。Bohr 直觉地对元素周期律进行了物理解释，提出了原子轨道中电子的排布情况，从 Bohr 的工作到 Pauli 不相容原理的发现一个很重要的进展就是 Stoner 依据三个量子数对 Bohr 的原子轨道电子排布进行重新解释，Pauli 追踪到这个工作，并且更进一步做出了一个重要的发现。科学巨匠都具有超强的能力，即对诸多实验事实进行分析，进而归纳和总结其中的规律。Sommerfeld 是当时原子物理的集大成者，Pauli 知道当时所有原子物理的事实，其中很关注的问题是同科电子原子态与 Paschen-Back 效应，Pauli 用 Pauli 不相容原理很轻松地解决了同科电子的原子态和 Paschen-Back 效应的难题，还预言了电子自旋的存在。积极参与前沿的科学讨论也是做出重大成就不可缺少的因素，同行之间的学术讨论和交流会除了相互通报自己的工作外，还会刺激灵感的产生，加快科学发现的进程。Pauli 就是研讨会的活跃分子，1922 年在德国哥廷根"Bohr 节"时 Pauli 和 Bohr 相识，从此结下终生友谊。Pauli 还有一些顶尖的物理学家的朋友如 Heisenberg、Dirac、Bethe、Born、Weisskopf 等，谈笑有鸿儒，往来无白丁。从以上的介绍来看，天才 Pauli 很早就发现 Pauli 不相容原理我们便不会感到那么意外了。

参 考 文 献

[1] Bohr N. On the constitution of atoms and molecules：Part Ⅰ[J]. Phil. Mag., 1913, 26：1-25.

[2] Bohr N. On the constitution of atoms and molecules：Part Ⅱ[J]. Phil. Mag., 1913, 26：476-502.

[3] Bohr N. On the constitution of atoms and molecules：Part Ⅲ[J]. Phil. Mag., 1913, 26：857-875.

[4] Sommerfeld A. Zur quantentheorie der spektrallinien[J]. Ann. der Physik, 1916, 356：1-94.

[5] Bohr N. Der bau der atome und die physikalischen und chemischen eigenschaften der ele-

mente[J]. Zeitschrift für Physik, 1922, 9: 1-67.

[6] Stoner E. The distribution of electrons among atomic levels[J]. Phil. Mag., 1924, 48: 719-736.

[7] Pauli W. Über den zusammenhang des abschlusses der elektronengruppen im atom mit der komplexstruktur der spektren[J]. Zeitschrift für Physik, 1925, 31: 765-783.

[8] Uhlenbeck G, Goudsmit S. Ersetzung der hypothese vom unmechanischen zwang durch eine forderung bezüglich des inneren verhaltens jedes einzelnen elektrons[J]. Naturwissenschaften, 1925, 13: 953-954.

[9] Heisenberg W. Mehrkörperproblem und resonanz in der quantenmechanik[J]. Zeitschrift für Physik, 1926, 38: 411-426.

[10] Dirac P A M. On the theory of quantum mechanics[J]. Proc. Roy. Soc. London, Series A, 1926, 112: 661-677.

[11] Fermi E. Sulla quantizzazione del gas perfetto monoatomico[J]. Rend. Lincei, 1926, 3: 145-149.

[12] Chandrasekhar S. The highly collapsed configurations of a stellar mass[J]. Monthly Notices of the Royal Astronomical Society, 1931, 91: 456-466.

[13] Landé A. Termstruktur und zeemaneffekt der multipletts[J]. Zeitschrift für Physik, 1923, 19: 112-123.

[14] Bohr N. On the quantum theory of line spectra: Part Ⅱ[J]. Mathematisk-Fysiske Meddelelser, Det Kgl. Danske Videnskabernes Selskab: Skrifter,1918, 8, 4.1: 37-100.

[15] 杨福家.原子物理学[M].4版.北京:高等教育出版社,2008.

[16] 周世勋.量子力学教程[M].2版.北京:高等教育出版社,2009.

[17] 苏汝铿.统计物理学[M].2版.北京:高等教育出版社,2004.

[18] Bose S. Planck's gesetz und lichtquantenhypothese[J]. Zeitschrift für Physik, 1924, 26: 178-181.

[19] Einstein A. Quantentheorie des einatomigen idealen gases[J]. Sitzungberichte der(Kgl) Preussischen Akademie der Wissenschaften(Berlin), 1924, 22: 261-267.

[20] Einstein A. Quantentheorie des einatomigen idealen gases[J]. Sitzungberichte der(Kgl) Preussischen Akademie der Wissenschaften(Berlin), 1925, 1: 3-14.

[21] 汪志诚.热力学统计物理[M].3版.北京:高等教育出版社, 2003.

第 11 章　量子力学哥本哈根解释

量子力学奠定了不同物理学分支的理论基础，直接推动了核能、激光和半导体等现代技术的创新，量子力学成功地预言了各种物理效应并解释了诸多方面的科学实验，成为当代物质科学发展的基石。量子力学的数学公式建立以后，人们就努力挖掘这些公式的内涵，理解量子力学对自然的描述，从而形成了量子力学的解释。在诸多量子力学解释中哥本哈根解释出现的最早，将测量仪器设定成经典仪器后，又唯像地引入波函数坍缩假设，哥本哈根解释变成了理解量子力学描述自然的十分简洁而又有效的认识论。根据哥本哈根解释，人们甚至能预测不同测量过程可能产生观测效应，由此哥本哈根解释赢得了大多数物理学家的支持从而成为量子力学的正统解释，对人们的哲学观念产生了深远的影响。严格讲，哥本哈根学派并没有关于哥本哈根解释的统一的观点，而是集中了以 Bohr 为首的这个圈子中若干相似的观点，它们之间有时各有不同甚至冲突，因而很难说清楚这个学派的确切论点。本章整理大师们的著作，较准确较完整地阐述了哥本哈根解释，阐明了该解释对经典因果律的看法，列举了基于该解释的三个典型的测量实例：测量确定双缝干涉的电子经过的狭缝，Wheeler 延迟选择实验和我们提出的没有相互作用的相互作用，还概要地介绍了其他有影响力的量子力学解释，如 Everett Ⅲ多世界解释，Griffiths 和 Gell-Mann 自洽历史理论，Fuchs、Schack 等人量子贝叶斯模型等。

11.1　基 本 原 理

当我们看到理论在各种情况的实验结果，同时已经检查过理论的应用不包含内部矛盾时,我们相信我们能理解理论的物理内容。例如,我们相信能理解 Einstein 时空概念的物理内容,因为我们能前后一致地看到 Einstein 时空概念的实验结果,当然这些结果有时会和我们日常的时空物理概念不符合。量子力学的物理内容(解释)却充满了内部矛盾,因为它包含了相互矛盾的经典物理学的语言(人们日常语言被推广和严格定量化后成为经典物理学语言),如粒子和波,连续和不连续。在经典物理中给定一个质点,我们很容易理解这个质点的位置和速度。然而在量子力学中质点的位置和速度(动量)的基本对易关系 $qp - pq = \mathrm{i}\hbar$ 成立,我们每次不加修正地使用质点的位置和速度就变得十分不准确甚至会出现矛盾。当我们承认不连续是在小的区域很短的时间内发生的某种典型的过程,质点的位置和速度矛盾就变得相当尖锐。如图 9.1 和图 9.2 所示,我们考虑一个质点的一维运动,在连续视角看其位移和时间的变化关系,质点某时刻的速度为曲线上该时刻点的切线的斜率。而从不连续视角看,图中的曲线被一系列有限距离的点代替。在此情况下谈论某位置的速度是没有意义的,因为:① 两点才能定义速度;② 任何一点总是和两个速度相联系。由此我们意识到使用通常的经典物理学的语言来理解量子力学的物理内容是不可能的。量子力学的数学方案不需要任何的修改,因为它已被无数实验所证实。能否不使用经典物理学的语言描述量子力学的物理内容呢? 不能,必须认识到人们使用经典术语描述实验现象的必要性,因为经典物理学概念正是日常生活概念的提炼,并且是构成全部自然科学基础的语言中的一个主要部分,正如 von Weizsäcker 指出的自然比人类更早,而人类比自然科学更早。如何调和经典概念在描述量子现象时出现的矛盾呢? 1927 年 Bohr 提出了并协性原理[1],同时 Heisenberg 提出了不确定原理[2]。

Bohr 并协性原理:描述自然规律的一些经典概念的应用不可避免地要排除另外一些经典概念的应用,而这另外一些经典概念在另一些条件下又是描述现象不可缺少的,必须且只需将所有这些既互斥又互补的概念汇集在一起,才能且一定能对现象作出详尽无遗的描述。

Heisenberg 不确定原理:粒子在客观上不能同时具有确定的位置坐标和相应的动量。

我们认为 Bohr 并协性原理和 Heisenberg 不确定原理都抓到了问题的实质,认识到经典概念的局限性,在描述量子现象时会相互矛盾,Bohr 并协性原理强调了相互矛盾的经典概念在各自的应用场合是相互排斥的,对研究现象作出详尽无遗的描述必须且只需将所有这些互斥的概念汇集在一起,体现了经典概念的互补性。Heisenberg 不确定原理则定量地给出了相互矛盾的物理量被同时测量时的误差之间的关系。Bohr 并协性原理和 Heisenberg 不确定原理表述方式体现了 Bohr 和 Heisenberg 的研究特点,Bohr 的直觉很强大,喜欢描述性的论述,Heisenberg 则用定量的数学结果描述他的思想。有了并协性原理和不确定原理可以回答这个问题了,即能否用经典概念达到对量子力学物理内容的准确理解呢? Bohr 并协性原理的回答是能,Heisenberg 不确定原理则要求使用经典概念时要受到它的限制。Bohr 并协性原理和 Heisenberg 不确定原理是量子力学统计特性的根源,因为我们看到不确定原理中同时测量两个共轭量,则两个量均出现测量误差,有误差必然存在平均值,有平均值则测量物理量时必然出现一系列的测量值。我们知道可以用波函数的 Born 规则来计算物理量的平均值,事实上波函数的 Born 规则在哥本哈根解释中只是计算物理量观测值的工具,并未达到原理的高度。

11.2　主要内容

哥本哈根解释的两个核心假设:经典仪器和波函数坍缩。将微观系统的观测仪器设定为经典仪器,这个设定是哥本哈根解释最微妙、最务实的地方,因为观测者是宏观世界的人,观测者使用的仪器也是经典的仪器。经典仪器的功能有两个,一是它可以被实验者感知和操作,二是经典仪器测量微观系统时会引起系统波函数的坍缩。波函数坍缩是哥本哈根解释的唯像假设,这个假设是有效的、实用的、简洁的,当然也是成功的。经典仪器的多个自由度使得它对系统测量时会对系统产生不可控制的干扰,测量过程是不可逆的,测量时会随机得到系统的某个本征值,波函数会瞬间坍缩到系统相应的某个本征态,波函数坍缩过程不遵循 Schrödinger 方程。

在量子力学中,例如对云室中一个电子的运动感兴趣,并且能用某种观测决定电子的初始位置和速度。但是这个测定不是准确的,它至少包含由于不确定关系而引起的不准确度,可能还包括由于实验困难产生的更大误差,正是由于这些不准确度,才容许人们将观测结果转达成量子力学的数学方案。波函数在初始时间通过观测决定以后,人们就能够从量子力学计算出以后任何时间的波函数,并能由此决定一次测量给出受测量的某一特殊值的概率。当对系统的某种性质作新测量时,波函数才能和实际联系起来,而测量结果还是用经典物理学的术语叙述的。对一个实验进行理论解释需要有三个明显的步骤:

(1) 人们必须用经典物理学术语来描述第一次观测的实验装置,并将初始实验状况转换成一个概率函数,即制备初态。

(2) 系统随时间变化的波函数服从量子力学的定律按 Schrödinger 方程演化,它随时间的变化关系能从初始条件计算出来。波函数结合了客观与主观因素,包含了关于系统可能性或较大倾向的陈述,而这些陈述是完全客观的,它们并不依赖于任何观测者。同时它也包含了关于人们对系统知识的陈述,这是主观的,因为它们对不同的观测者可能有所不同。正是由于这个原因,观测结果一般不能被准确地预料到,能够预料到的只是得到某种观察结果的概率,而关于这种概率的陈述能够以重复多次的实验加以验证。波函数不是描述一个确定事件而是描述种种可能事件的整个系综,至少在观测的过程中是如此。

(3) 关于对系统所作新测量的陈述,测量结果可以从波函数推算出来[3]。

对于第一个步骤,满足不确定关系是一个必要的条件。第二个步骤不能用经典概念的术语描述,因为这个步骤需要完全不同于经典物理的量子力学。这里没有关于初始观测和第二次测量之间系统所发生的事情的描述,因为经典概念不能用在两次观测之间的间隙,只能用于观测的那个时刻,而要求对两次观测之间所发生的事情进行描述在哥本哈根解释看来是自相矛盾的。例如初始观测发现电子处于氢原子激发态,第二次观测发现电子处于基态,人们无法描述两次观测之间(电子从激发态向基态跃迁过程中)电子的运动状况。只有到第三个步骤,人们才又从可能转变到现实。观测本身不连续地改变了系统的波函数,系统从所有可能的事件中选出了实际发生的事件。因为通过观测,人们已经不连续地改变了对系统的知识,它的数学表示也经受了不连续的变化,这个过程被称为量子跳变。只有当对象与测量仪器发生了相互作用时,从可能到现实的转变才会发生,它与观测者用心智来记录结果的行为是没有联系的。然而,系统波函数中的不连续变化是与仪器记录的行为一同发生的,因为正是在记录的一瞬间人们关于研究对象知识的不连续变化在波函数的不连续变化中有了映象,实质上就是系统的波函数在经典仪器测量的一瞬间坍缩到某个本征态。

关于观测,哥本哈根学派还有这些共同的观点。量子力学中波函数是一个对粒子状态的完备描述,量子态包含了关于这个粒子运动状态的一切信息,不存在任何其他的“尚未发现”的东西可以告诉我们额外的信息,哥本哈根解释不认可隐变量理论。系统的量子态有一个非常奇特的性质,那就是态叠加原理,任何一个量子态都可以看作其他若干量子态相互叠加的结果。与量子态对应的是可观察量,即当我们观察这个粒子某个可观察物理量时,能够实际得到什么结果。量子态的态叠加原理使得将要发生的可观察量的测量结果总是不确定的,我们不会得到粒子“既在这儿又在那儿”的结果,观测的结果只能是不确定的情形,粒子“或者在这儿或者在那儿”。一旦系统被制备到某个量子态,测量系统时可以得到物理量的某个本征值,同时系统波函数坍缩到本征值对应的本征态。如果重复制备同样的量子态,同样的测量会产生不同的结果。每个测量值出现的概率用 Born 规则即波函数模平方来确定,测量值的概率或连续的(如位置或动量)或分立的(如自旋),这取决于被测的物理量,测量过程被认为是随机的和不可逆的。在哥本哈根解释中,观测本身也有特殊的不确定性,人们既可以把研究对象算在被观测体系中,又可以把它们看成一种观测手段。

现代量子力学认为当我们观察一个粒子的时候,会发生种种奇怪而神秘的事情。粒子原本的叠加态本来是可以按照任意的方式来叠加的,由于我们想要观察的可观测量并不相同,粒子有着不完全自由的选择,只能从我们想要观察的可观测量的一组本征态中选择,测量结果只能是其中之一,而其他的叠加方式都不存在了。比如说,我们观察动量的时候,实际上就限制了这个粒子,让粒子只能在一组动量本征态中选择它的观测结果。在我们观察的瞬间,我们迫使这个粒子从这些本征态中随机地选择其中一个本征态,而扔掉其余所有的状态,变成了一种确定的状态,这就是所谓的波函数坍缩。这个过程是在所谓 Born 规则支配下的完全随机的过程。当我们完成观察以后,粒子就会待在它所坍缩到的状态上。也就是说,我们的观察使得量子态发生了一个随机的突变,让它从一个叠加态变成了某一组确定的本征态中的一个。根据我们想观测的变量不同(位置、动量、能量……),这个世界竟然会变幻它的面目来响应!如此渺小的人类,在宇宙间犹如沧海一粟,我们的一个“我想要观察一下”这样的决定竟然导致了整个宇宙的巨变[4]!Bohr 认为“按量子力学,仪器对客体有相互作用,只有当决定某一物理量的实验装置选定后,人们才能谈论、预言这个量的值。离开了仪器,观测结果就毫无确定性可言,要准确地预言什么，就得知道用什么观测仪器”。Bohr 还认为“在微观领域内，可观测的物理量本身都离不开测量装置，物理实在只有在测量手续、实验安排等完全给定的情况下才能在量子力学中毫不含糊地使用”[5]。

哥本哈根解释明确地反对独立于观察者的客观现实这种概念，如果不观察一个系统，这个系统的真实状态实在是毫无意义。因为不管人们怎么描述它，都无法确知描述是否正确。因而，那些所谓对真实客观现实的描述都是一种随意的呓语：没有观察它，谈何真实？Heisenberg 说：“我们观察到的不是自然界本身，而是自然界根据我们的观察方法展示给我们的东西。[6]”Wheeler 也说：“现象在没有被观测到时，决不是现象。[7]”波函数就是且也只能是一种概率波，它不是真实的物理状态，而只是告诉了我们能够对现实期望些什么，也即是我们对现实的认知，而不是现实本身。在哥本哈根解释看来现实是什么完全依赖我们对其的观察，只有当我们真正观察到了，我们才能有信心认为它的真实状态是什么。因而，一个不依赖于观察者的现实无异于胡说八道。真正的现实不是现实本身，而是我们看到了什么，这当然就取决于我们如何去看。由此看出，哥本哈根解释本身就是典型的实证主义。哥本哈根解释如何看待 Schrödinger 猫佯谬呢？在我们不观察猫的时候，它是死的还是活的？哥本哈根解释认为这种问题是自相矛盾的，在不观察的前提下，根本就谈不到事物的真实状态：不存在一种不依赖于观察的现实！自然而然地哥本哈根解释不屑于去回答叠加态到底是什么这种问题，真正的问题是，当我们观察时我们会看到什么，以及我们用何种观察手段会看到何种现象。实验者观测到活猫就是活猫，观测到死猫就是死猫。半死半活的猫是什么，没有观测到，就不关心猫是什么状态。类似地 Einstein 就很困惑地问 Pais：“你是否相信月亮只有在看着它的时候才真正存在？”Einstein 的问题暗示着如果人们不观测月亮，月亮就不存在，很有唯心主义哲学家 G. Berkeley 提出的“存在即感知”的意思。月亮不被观测时当然是存在的，但是我们无法知道它的真实状态，我们只有用不同观察手段才能从不同角度揭示月亮的性质，从而获得月亮各个方面的知识。

11.3　哥本哈根解释中的因果律

事实上,经典物理学的因果律在哥本哈根解释看来也不再成立了,因为经典因果律暗示着一个确定的结果联系于一个确定的原因。显然因果律只有在人们能够对原因和结果进行观测,且在观测过程中对它们不产生影响时才有意义。但哥本哈根解释认为人们对研究对象特别是原子物理中的现象的每一次观测都会引起有限的、一定程度上不可控制的干扰。此时就既不能赋予现象又不能赋予观察仪器以一种通常物理意义下的独立实在性了。因此在哥本哈根解释中任何观测的进行都以放弃研究对象的观测现象的过去和将来之间的联系为代价,因为每次观测都打断知识或事件的连续演化,并突然引进新的起始条件(波包坍缩),事实上只要观测取决于研究对象被包括在所要观测的体系之内,观测的概念就是不确定的。从而很小但不为零的 Planck 常数使人们完全无法在现象和观测现象的测量仪器之间画一条明确的分界线。这种分界线是经典物理中观测的依据,从而形成经典运动概念的基础,因果律是经典物理中的一个基本规律。经典物理中的一个基本特征是物理规律的时空标示和因果率要求的无矛盾的结合,量子力学的本性使人们不得不承认物理规律的时空标示和因果要求是依次代表着观察的理想化和定义的理想化的一些互补而又互斥的描述特点。在量子力学中,一方面,一个物理体系态的定义要求消除一切外来干扰,但依据量子力学没有测量仪器和对象的不可控的测量的干扰,任何观察都将是不可能的,此时时空的概念也不再有直接意义;另一方面,如果人们为了使观察成为可能而承认体系和不属于体系的适当观察仪器之间有某些相互作用,体系的态的一种单义的定义就不可能,从而通常意义下的因果性问题也不复存在[8]。经典意义的因果律在量子力学中不再成立,还可以用一个简化的方法进行论证,由于不确定关系的存在,任何仪器都不能同时准确地测量一个粒子的位置和动量。因为人们无法准确地知道现在粒子的位置和动量,所以他们一定不能确切地同时知道未来粒子的位置和动量,粒子未来的状态不能由现在的状态推知,经典的因果律在量子力学范畴内也就失去了意义。简言之,人们不能确切地知道现在,也就不能确切地知道未来,经典因果律用到量子力学范畴不是结论有问题而是前提出了问题。

量子力学已有一套精确严密的数学定律，这些形式上的因果律的数学关系不能表述为时间、空间上存在着的各个客体之间的简单关系。理论所给出的能够观测验证的预言只能近似地用时间、空间上的各个客体来描述，原子过程的时间、空间的不确定性是人类观测行为不确定性的直接后果。而当用时空描写客体现象时，必须加上不确定关系的限制才能在一定程度上用于原子现象，在量子理论中两种方法的描述之间有统计上的关系。Bohr 互补的概念也不仅仅是粒子图景和波动图景的互补，描述自然现象的严密因果律和时间、空间描述方法之间也不可能同时完全被满足，两者之间既有互相排斥又有互相补充的联系。放弃经典的因果律绝不意味着量子力学描述范畴的任何局限，因果律合理的定义即一个场合和另一场合之间定量定律的关系预示着互补性观点是因果概念的一种合理的推广。

11.4　哥本哈根解释和量子测量实例

依据哥本哈根解释，人们对量子体系的观测都会对被测系统产生有限的、一定程度上不可控制的干扰。并且由人们想要观察的可观测量，系统波函数只能选择这些可观测量的一组本征态的叠加，而其他的叠加方式都不存在了。人们观察的瞬间，观测行为迫使系统从这些叠加的本征态中随机地选择其中一个本征态。因此量子测量有时会产生新的物理(观测)效应，如 Schrödinger 猫，Wheeler 延迟选择实验，量子 Zeno 效应，Vaidman 炸弹检测器等，Wheeler 更是将哥本哈根解释的精髓归结为“现象在没有被观测到时，决不是现象”。下面列出的三个例子可以很好地理解哥本哈根解释的意义，也可以感受一下量子力学中的现象和人们日常的直觉之间的巨大差别。

第一个实例是电子束的双缝干涉图样的问题，一束电子均匀地打在两个靠的很近的很细的狭缝上，在狭缝后面的观察屏上会看到和单色光类似的明暗相间的干涉条纹。进一步的分析发现电子的干涉条纹暗示着人们无法区分电子的路径，即人们无法区分电子从狭缝 1 通过还是从狭缝 2 通过，哥本哈根解释还预测如果人们一旦设法观测到电子的路径，观测屏上的干涉条纹将消失。这是个很巧妙的预测，因为它很符合哥本哈根解释的精神，但不符合人们的日常生活的观念，即观测活动明显地影响着观测结果，人们观测到电子通过狭缝的路径观察屏上就没有干涉条纹，当人们不去观测电子的路径时，观察屏上的干涉条纹又重新出现，而实验的结果恰如哥本哈根解释的预测那样。

第二个典型的例子是 1978 年 Wheeler 提出的延迟选择实验[9]，其实验示意图如图 11.1 所示，激光脉冲源发射的光子经过分光镜 BS_1（光子有一半的几率穿过反射镜到达 M_2，一半几率被反射镜反射到达 M_1），两个全反射镜 M_1 和 M_2 把两个路径的光子汇集起来，从探测器 D_1 和 D_2 的嘀嗒声可以判断光子的路径是 BS_1—M_1 或者 BS_1—M_2。令人吃惊的现象出现了，在光子的交汇处再放置和 BS_1 一样的分光镜 BS_2，调整 BS_1—M_1—BS_2 和 BS_1—M_2—BS_2 的相位，可使得两个路径的光子在 BS_2 处发生反相干涉，$\langle a_{\text{out}}^{\dagger} a_{\text{out}} \rangle = \sin^2(\varphi/2)$，$\langle b_{\text{out}}^{\dagger} b_{\text{out}} \rangle = \cos^2(\varphi/2)$。反相干涉的产生必定是一个光子同时从 BS_1—M_1—BS_2 和 BS_1—M_2—BS_2 两个路径到达 BS_2 处相干叠加形成，因为光子单独走 BS_1—M_1—BS_2 或 BS_1—M_2—BS_2 路径都不会产生干涉现象；如果不放置分光镜 BS_2，则一个光子通过分光镜 BS_1 后要么沿 BS_1—M_1—BS_2 路径要么沿 BS_1—M_2—BS_2 路径到达 BS_2 处没有干涉现象 $\langle a_{\text{out}}^{\dagger} a_{\text{out}} \rangle = \langle b_{\text{out}}^{\dagger} b_{\text{out}} \rangle = 1/2$。放置 BS_2 时光子表现出波动性的同时走 BS_1—M_1—BS_2 和 BS_1—M_2—BS_2 两个路径形成干涉图样，不放置 BS_2 光子表现出粒子性，或者走 BS_1—M_1—BS_2 路径，或者走 BS_1—M_2—BS_2 路径，干涉图样消失，这正是哥本哈根解释的精髓，人们的观测活动改变了量子系统的状态，即光子行走的路径。更令人吃惊的是如果在光子通过 BS_1 快到达而还没有到达交汇点时，人们把 BS_2 放置在交汇点，会出现什么现象呢？按通常的观念，光子通过 BS_1 后光子的路径已经确定了即要么沿 BS_1—M_1—BS_2 路径要么沿 BS_1—M_2—BS_2 路径到达交汇处，但无论光子沿哪条路径，探测器 D_1、D_2 都不会观测到干涉条纹，但 2007 年法国一个研究小组的实验结果表明[10]，探测器 D_1、D_2 依然观测到干涉条纹。结果意味着虽然光子已经经过 BS_1，但它的飞行路径依然随着人们的观测活动而改变，这个现象就是 Wheeler 延迟选择实验。通俗一点来说，人们现在的观测活动改变了光子过去的飞行路径，人们可以在事情发生之后再来决定它之前是如何发生的，经典物理学的因果律遭到了彻底的颠覆。

第三个例子是没有相互作用的相互作用（interaction without interaction）。我们在研究利用离子束探测简谐振动时，提出了一个新的没有相互作用的相互作

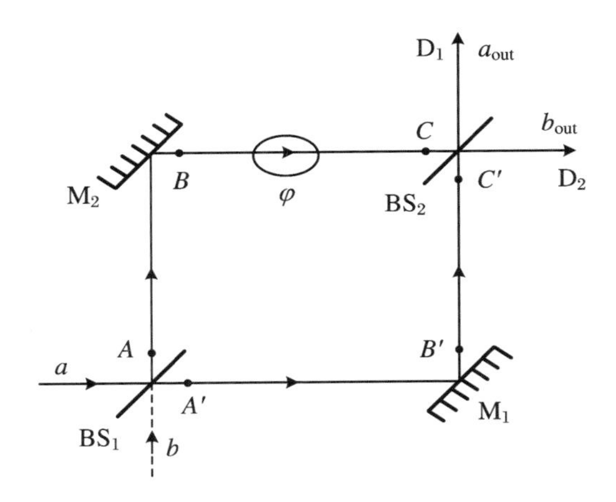

图 11.1　Wheeler 延迟选择实验

用量子测量效应。如图 11.2 所示，当一束离子束受交变电场的作用在垂直于束流方向做简谐振动时(图中圈叉表示)，离子探测器在小于振动周期 T 的 Δt 时间内的计数存在一个由简谐振动引起的修正因子 $\Delta t/T$，即 $N' = N \cdot \Delta t/T$，式中的 T 是简谐振动的周期，N 表示没有横向简谐振动时 Δt 时间内离子的数目[11]。事实上离子束的横向简谐振动和纵向飞行的平移运动相互垂直，没有相互作用，但当测量与纵向平移运动有关的物理量——离子数目时，横向简谐振动也会对离子数目的测量结果产生影响，多出一个振动因子，因此起名为没有相互作用的相互作用量子测量效应。简言之，两个运动本来没有相互作用，一旦进行测量它们就产生了相互作用，故没有相互作用的相互作用是对这个理论预言形象而准确的描述。该测量效应本质很简单，因为离子束横向振动和纵向平动没有相互作用，故 Hamilton 量可写为 $H = H_A + H_B$，体系的量子态为 $\rho = \rho_A \otimes \rho_B$，式中 A 代表离子的纵向平动，B 代表离子束的横向简谐振动。探测器测量到的纵向的离子数目为 $\langle N \rangle = \mathrm{Tr}_A(\rho_A N) \cdot \mathrm{Tr}_B(\rho_B)$，通常 $\mathrm{Tr}_B(\rho_B) = 1$，故没有相互作用的两种运动对各自对应的物理量的测量没有影响。然而如果探测时间 Δt 小于振动周期 T，那么就有 $\mathrm{Tr}_{B,\Delta t}(\rho_B) = \Delta t/T < 1$，于是出现了我们得到的结果，即探测器记录的原子的数目小于实际入射的原子数目。原本没有相互作用的两种运动也会对另一种运动所对应的物理量的测量产生影响，它的本质当然是一种量子测量效应。该量子测量效应不但给出令人吃惊的结果，而且也可视为宏观量子效应，因为经典简谐振动和离子数目被离子探测器记录都是宏观事件。简谐振动对离子束计数的修正因子与简

谐振动的振幅和相位无关，表明无论多么小振幅的简谐振动都能被检测到，这个量子测量效应有可能为引力波探测提供新的方法。

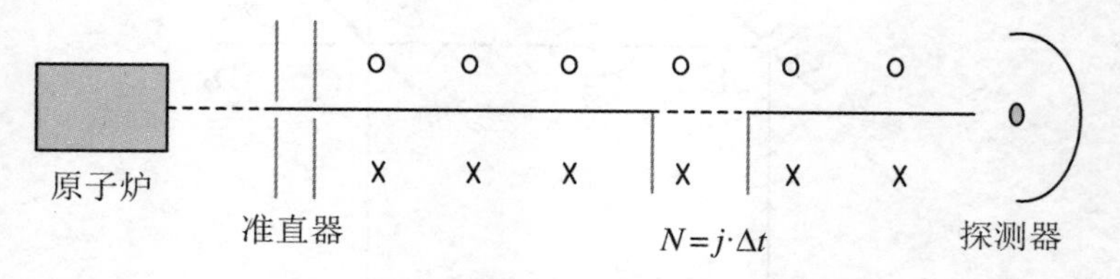

图 11.2 原子束探测简谐振动

新的没有相互作用的相互作用量子测量效应可以用哥本哈根解释给出满意的说明[12]。在小于一个周期时间内测量离子数目小于入射的离子数目，离子跑哪去了呢？实际测量离子数目时，要求探测器和离子束同频共振。在入射方向垂直的横向上离子束和探测器是相对静止的，被探测器记录的离子数目（假设探测器的探测效率为 1）应该等于入射的离子数目，既然如此为什么还会出现一个所谓的振动因子 $\Delta t/T$ 呢？谁不被量子力学迷惑过，谁就没有理解它。其实所有的秘密都藏在离子探测器里面，按量子力学的哥本哈根解释，量子测量过程中被测对象必然和经典实验仪器相互作用，对象的测量过程必然存在一定程度上的不可控制的干扰，此时被测对象和经典仪器都不再拥有经典物理世界的那种独立实在性，被测对象和经典实验仪器之间也不再有明确的分界。在离子束探测的问题上，离子探测器和离子束同频共振，它们具有完全相同的相位、振幅和频率。横坐标 x 代表离子束和探测区域振动的位移，纵坐标是简谐振动的概率密度，即波函数的模平方，如图 11.3 所示。探测器便具有了双重功能：

(1) 记录到达探测器的离子的数目；

(2) 抽取离子束横向简谐振动的信息，包括相位、振幅和频率。

搞清楚探测器的作用，以上两个问题就迎刃而解了。离子束的离子跑哪去了呢？因为探测器和离子束同频共振，在横向的探测器相对于离子束是静止的，所有的离子都跑到探测器了。既然如此，所谓的振动因子从何而来呢？如图 11.3 所示，在小于周期的时间间隔 Δt 内，探测器从 x 振动到 $x+\mathrm{d}x$，而探测器在 x 到 $x+\mathrm{d}x$ 范围内的概率恰好为 $\Delta t/T$。这样探测器测量的离子数目就等于入射的离子数目 N 乘以探测器本身在 x 到 $x+\mathrm{d}x$ 范围内的概率 $\Delta t/T$，与理论计算的结果完全一致，正是探测器从离子束抽取的简谐振动的信息产生了奇特的振动因子。

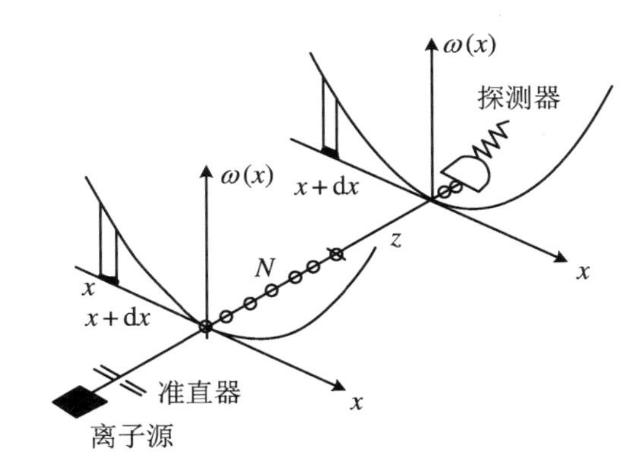

图 11.3　当原子束有一个整体的横向的经典谐振动时，小于周期的时间内探测的原子数会变少

11.5　量子力学解释的发展

哥本哈根解释强调了经典物理学语言描述量子世界时的互补性，在同一实验中经典概念又相互排斥，Bohr 并协性原理和 Heisenberg 不确定原理是量子力学概率性的根源。哥本哈根解释派认为经典仪器对系统测量时必然有不可控制的干扰，测量影响了观测结果，只有当决定某一物理量的实验装置选定后，人们才能谈论预言这个量的值。实验者对系统所作的实验意图、测量仪器安排和实验手续都是主观的，这样看来人们把一个主观论因素引入了理论，即系统所发生的事情依赖于人们观测它的方法，或者依赖于人们观测它这个事实。这似乎表明，观测在系统演化中起着决定性作用，并且实在会因为人们是否观测系统而有所不同。1935 年 von Neumann 在哥本哈根解释的基础上提出了一般的量子测量理论[13]，该理论形象地看，好像一条无限延伸的仪器链。该理论的推论是波函数的坍缩最后归结为人的意识，是人的意识决定了量子测量的结果。

针对量子力学的哥本哈根解释，Einstein 等人坚持认为，物质世界的客观性是人类通过科学阐释自然规律的必要基础。寻求一个没有意识介入的客观的量子力学诠释无论对物理学还是对认识论都具有根本的意义。1957 年 Everett Ⅲ提出了多世界解释[14]，该解释认为世界遵循量子力学的规律，测量仪器、被测系统和观察者整体构成一个宇宙波函数。测量前，宇宙波函数是系统、仪器和观察者的乘积；测量后，宇宙波函数变成若干乘积态的相干叠加。以 Schrödinger 猫为例，测量前原子处于激发态和基态叠加态，猫是活的，人准备观察；测量发生后，原子、猫和人构成的宇宙波函数瞬时分裂为两个宇宙，人也分裂到两个宇宙里。在一个宇宙里人看到了死猫和原子辐射，在另一个宇宙里人看到了活猫和原子不辐射，量子测量使得宇宙分裂为多个宇宙，每个宇宙间不能交流和通信。

后来 Everett Ⅲ本人也坚信量子力学普适性，宇宙也不可分裂。多世界解释启发了人们把量子测量视为一种客观的、没有意识介入的物理过程。Griffiths、Gellmann 发展的自洽历史理论认为宇宙中的物理过程，没有外部测量、也没有外部环境，一切都在宇宙内部衍生，宇宙就可以看成从量子化宇宙约化出来的经典世界[15,16]。量子力学一切都是离散而非连续的，所以我们讨论的“一段时间”，实际上是包含了所有时刻的集合，从 t_0，t_1，t_2 直到 t_n，量子力学的历史是指对应时刻 t_k，系统有相应的量子态 A_k。自洽历史理论赋予每个历史一个经典概率，对任何瞬间宇宙发生的事情作精细化描述，就得到一个完全精粒化历史（completely fine-grained history）。不同精粒化的历史相互干涉，此过程是量子演化过程，不能用独立的经典概率加以描述，例如电子的双缝干涉实验，电子通过左缝和通过右缝两个历史不是独立自主的，是相互干涉、相互纠缠在一起的，即电子同时通过了双缝。由于宇宙内部的观测者能力的局限性或有不同需求，只能用简化的图像描述，本质上对大量精粒化历史进行分类粗粒化（coarse-grained）描述。如一场足球比赛，甲队获胜是粗粒化历史，而甲队和乙队比赛 1∶0，2∶1，2∶0，3∶1…这些可能的比分会以一定概率出现，它们是精粒化历史。类内运动、无规运动抹除各类粗粒化历史之间的相干性，使得粗粒化历史成为一种退相干的历史。我们只关心比赛的胜负结果，而不关心具体比分时，事实上就是对每一种可能的比分遍历求和。当所有精粒历史被加遍以后，它们之间的干涉往往会完全抵消，或几乎完全抵消，这时两个粗粒历史的概率又变得像经典概率一样可加了。也许我们分不清一场比赛是 1∶0 还是 2∶0，但粗粒历史的赢或平总能分清，而粗粒历史的赢或平之间不再是相干的。现在考虑 Schrödinger 猫的情况，那个决定猫命运的原子经历这衰变或不衰变的精粒历史，猫死或猫活是模糊的陈述，是两大类历史的总和。当我们计算猫死和猫活之间的干涉时，其实穷尽了这两大类历史下每一对精粒历史（10^{27} 量级的原子)之间的干涉,而它们绝大多数都最终抵消掉了。猫死和猫活两类粗粒历史之间相互干涉、相互纠缠的联系被切断,它们退相干,最终只有其中一个真正发生,或者猫死或者猫活,这样就解释了 Schrödinger 猫佯谬。

20 世纪 90 年代末,尤其是2000 年之后,随着量子计算和量子信息方面研究的进一步发展,战场上又一股新势力渐渐崛起,这就是量子信息诠释,最典型的就是“量子贝叶斯模型”(Quantum Bayesianism),或简称为“量贝模型”(QBism)。量贝模型的主张是从认识概率的本质入手,提出了一些极为大胆的新观念。我们认为如果说高冷傲娇的哥本哈根诠释只是摆出“事实就是这样,你不理解我也没办法”的姿态,外表妖艳内心善良的多世界诠释则在想尽办法帮助人们形象地理解量子理论,那么霸道的量子信息诠释则像是大声的怒吼,“放弃一切还原论的幻想吧,地球人! 构成世界的基础根本不是什么物质,而是纯粹的信息。而且这些信息,也只是你头脑中的主观投射结果而已。”

量贝模型将量子理论与贝叶斯派的概率观点结合起来[17,18],它也认为波函数并非客观实在,只是观察者所使用的数学工具,波函数非客观实在也就没有什么量子叠加态,如此便能避免诠释产生的悖论。根据量贝模型,概率的发生不是物质内在结构决定的,而是与观察者对量子系统不确定性的置信度有关。量贝解释将与概率有关的波函数定义为某种主观信念,观察者得到新的信息之后,根据贝叶斯定理的数学法则得到后验概率,不断地修正观察者的主观信念。尽管认为波函数是主观的,但量贝模型并不是虚无主义理论否认一切真实。量子系统是独立于观察者而客观存在的。每个观察者使用不同测量技术,修正他们的主观概率,对量子世界作出判定。在观察者测量的过程中,真实的量子系统并不会发生奇怪的变化,变化的只是观察者选定的波函数。对同样的量子系统,不同观察者可能得出全然不同的结论。观察者彼此交流,修正各自的波函数来解释新获得的知识,于是就逐步对该量子系统有了更全面的认识。根据量贝模型,盒子里的 Schrödinger 猫并没有处于什么既死又活的恐怖状态,但盒子外的观察者对里面的“猫态”的知识不够,不足以准确确定它的死活,便主观想象它处于一种死活二者并存的叠加态,并使用波函数的数学工具来描述和更新观察者自己的这种主观信念。量贝模型创建者之一——Fuchs 证明了计算概率的 Born 规则几乎可以用概率论彻底重写,而不需要引入波函数。因此,也许只用概率就可以预测量子力学的实验结果了。Fuchs 希望 Born 规则的新表达能够成为重新解释量子力学的关键,企图用概率论来重新构建量子力学的标准理论，量贝模型为量子力学的解释提供了一种新的视角。

哥本哈根解释给人们一个信念：微观世界也是可以被人们认知的，实验者使用可以被其操作和感知的经典仪器对量子系统进行测量，就可以从微观世界提取经典实验者可以感知的信息。当测量仪器和研究对象发生相互作用之后，系统波函数只能选择被观察的可观测量的一组本征态的叠加，人们的观察行为迫使系统从这些叠加的本征态中随机地选择其中一个本征态，不同的观测者测量的结果往往是随机的、不可逆的。

依据哥本哈根解释，人们对量子体系进行主观期望的某物理量的测量时，测量会对系统产生干扰，测量有时会产生新的物理（观测）效应，如 Schrödinger 猫态，Wheeler 延迟选择实验，量子 Zeno 效应，Vaidman 炸弹检测器，没有相互作用的相互作用，量子信息擦除，量子鬼成像等。现在火热的量子信息学所有涉及的测量问题，也都直接使用哥本哈根解释的结果。

我们认为哥本哈根解释与其说是量子力学的解释，倒不如说它是经典仪器测量系统引起波函数坍缩的一个理论模型，这个理论是有效的、简洁的、实用的、睿智的、成功的，当然也是唯像的。理论中的唯像假设也是哥本哈根解释不足的地方，它只给出了经典仪器测量时系统波函数会坍缩，却回答不了波函数为什么会坍缩，怎么坍缩这样深层次的问题。这些问题引导人们研究开放的量子系统，促进量子理论的发展，如 Zurek 提出了环境诱导超选择理论（environment induced superselection，或简写为 einselection）[19]。

哥本哈根解释还有一个问题没有解决，即经典理论是独立于量子理论的存在，而并不能从量子理论中合理推论出来。Bohr 认为我们不能指望从量子力学中得到我们对观察结果的合理解释，因为我们作为宏观物体必然是经典的，我们所需要的观察仪器也是经典的。这种经典-量子边界就在观察过程中起到了迫使波函数坍缩的作用：波函数生活在微观领域，我们对观察结果的接收必然处在宏观领域，那么对波函数的观察必然要使得观察结果穿越这种边界，从量子变为经典，从“既此又彼”的叠加态变为“非此即彼”的概率。如果真的存在经典-量子这样的边界，那么这个边界在哪里？对于这样一种十分重要的界线，Heisenberg 说：“在一边，是我们用来帮助观察的仪器，因而必须看作我们（经典世界）的一部分，在另一边，则是我们想要研究的物理系统，数学上表现为波函数，在这中间我们需要划分一条分界线。……这条划分被观察系统和观察仪器的分界线是由我们所研究的问题本身的性质决定的，但是很显然在这种物理过程中不应该有不连续性。因而这条线在什么位置就有着完全的自由度。[20]”哥本哈根解释宣称存在这么一个边界，然后却不说它在哪儿。事实上，直到今天人们一直都在寻找这个边界是否存在，人们在越来越大尺度的物体上观测到了量子现象，例如，双缝干涉实验已经做到了由 810 个原子组成的巨大分子尺度，仍然发现量子现象的存在[21]。随着人们在越来越宏观的尺度上直接观测到量子效应，人们完全有理由相信宏观物体从根本上讲也是遵循着量子规律的。

我们认为哥本哈根解释是一个具有深远影响的量子哲学，它告诉人们如何从宏观经典世界认识和改造微观的量子世界，但它不会也不可能是终极理论，它的不足也能促进量子理论的发展。哥本哈根解释还催生了量子力学的其他解释，寻求一个没有意识介入的客观的量子力学解释时 Everett Ⅲ 提出了多世界解释，Griffiths 和 Gellmann 发展了自洽历史理论，Fuchs、Schack 等人又提出了一种量子贝叶斯模型，企图用概率论来重新构建量子力学的标准理论。各式各样的量子哲学都试图从各自的视角探究着宇宙中最深奥的秘密。

参 考 文 献

[1] Bohr N. The quantum postulate and the recent development of atomic theory[J]. Nature, 1928, 121: 580-590.

[2] Heisenberg W. Über den anschaulichen inhalt der quantentheoretischen kinematik und mechanik[J]. Zeitschrift für Physik, 1927, 43: 172-198.

[3] 沃纳·海森伯.物理学和哲学[M].范岱年，译.北京：商务印书馆，1981：15-16.

[4] https://zhuanlan.zhihu.com/c_186387023.

[5] Bohr N. Can quantum-mechanical description of physical reality be considered complete? [J]. Phys., Rev., 1935, 48:696-702.

[6] 沃纳·海森伯.物理学和哲学[M].范岱年，译.北京：商务印书馆，1981:24.

[7] Wheeler J, Zurek W. Quantum theory and measurement[M]. Princeton: Princeton University Press, 1983: 202.

[8] 尼尔斯·玻尔.原子物理学和人类知识论文续编:1958—1962 年[M].郁韬，译.北京：商务印书馆，1978:3-10.

[9] Wheeler J. Mathematical foundations of quantum theory[M]. Cambridge Massachusetts: Academic Press, 1978.

[10] Jacques V, Wu E, Grosshans F, et al. Experimental realization of Wheeler's delayed-choice gedanken experiment[J]. Science, 2007, 315(5814): 966-968.

[11] Huang Y Y. One atomic beam as a detector of classical harmonic vibrations with micro amplitudes and low frequencies[J]. J. Korea. Phys. Soc., 2014, 64(6): 775-779.

[12] Huang Y Y. The quantum measurement effect of interaction without interaction for an atomic beam[J]. Results in Physics, 2017, 7: 238-240.

[13] von Neumann J. Mathematical foundation of quantum mechanics[M]. Translated by R. Beyer. Princeton: Princeton University Press, 1955: 422-437.

[14] Everett Ⅲ H. Relative state formulation of quantum mechanics[J]. Rev. Mod. Phys., 1957, 29(3): 454-462.

[15] Griffiths R. Consistent histories and the interpretation of quantum mechanics[J]. J. Stat. Phys., 1984, 36(1-2): 219-272.

[16] 曹天元.量子物理史话:上帝掷骰子吗[M]. 沈阳:辽宁教育出版社，2008：第12章.

[17] Fuchs C, Schack R. Quantum-Bayesian coherence[J]. Rev. Mod. Phys., 2013, 85(4): 1693-1715.

[18] http://blog.sciencenet.cn/blog-677221-1054026.html.

[19] Zurek W. Decoherence, einselection and the quantum origins of the classical[J]. Rev. Mod. Phys., 2003, 75: 715-775.

[20] Heisenberg W. Philosophic problems of nuclear science[M]. New York: Pantheon Books Inc, 1952: 49.

[21] Eibenberger S, Gerlich S, Arndt M, et al. Matter-wave interference of particles selected from a molecular library with masses exceeding 10000 amu[J]. Phys. Chem. Chem. Phys., 2013, 15: 14696-14700.

第 12 章　Einstein-Podolsky-Rosen 佯谬和量子纠缠

量子力学哥本哈根解释提出后，Einstein 对此产生了疑义，对量子力学概率的描述也不太满意。在 1930 年第六次 Solvay 会议时 Einstein 坚信上帝不掷骰子，以光子盒为工具试图推翻光子的 Heisenberg 时间和能量的不确定关系 $\Delta E \cdot \Delta t \geqslant \hbar/2$。Bohr 以彼之道还施彼身，借用了广义相对论中的红移公式，推出了时间和能量的不确定关系。Einstein 仍没有被轻易说服，但整个会议中他看起来有些魂不守舍。1935 年 Einstein、Podolsky 和 Rosen（EPR）一起发表了题为《能认为量子力学对物理实在的描述是完备的吗？》的文章，对量子力学完备性进行了一次影响最为深远的质疑。

12.1　Einstein 光子箱

如图 12.1 所示，Einstein 设想固定底座的弹簧秤挂着不透明的箱子，箱子壁上开一个小孔，小孔上装一个由计时装置控制开闭的快门。通过挂在箱子下面的砝码和装在箱子侧面的指针测定箱子的总质量。Einstein 设想快门从时刻 t_1 打开到时刻 t_2 关闭，中间经历如此短的时间 $\Delta t = t_2 - t_1$，以至于只有一个光子从箱子跑出。在 t_1 之前和 t_2 之后都能很准确地测定箱子的质量，由 $\Delta E = \Delta mc^2$ 得到光子的能量（Δm 为 t_1 之前和 t_2 之后箱子的质量之差）。光子的能量和发射的时刻要多准确就能多准确地进行测量，这样光子的时间能量不确定关系 $\Delta E\Delta t \geqslant \hbar/2$ 就不成立了[1]。

Einstein 的这个问题完全出乎 Bohr 的意料，使他大吃一惊，当时 Bohr 面色苍

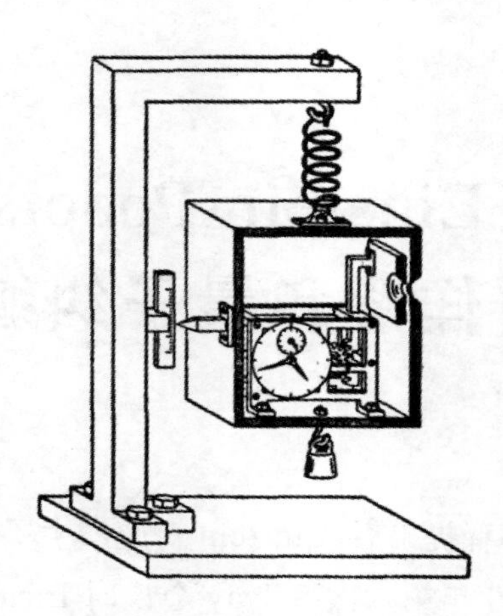

图 12.1　Einstein 光子箱

白,呆若木鸡。然而经过一个不眠之夜的紧张思考,Bohr 就找到了解决问题的办法[1]。箱子发出光子后质量减少,会向上移动 Δx 的距离,在高处的光子势能增加频率会减小

$$h\nu = h\nu' + \frac{h\nu}{c^2}g\Delta x \quad \Rightarrow \quad \frac{\nu' - \nu}{\nu} = -\frac{g\Delta x}{c^2} \quad \Rightarrow \quad -\frac{\Delta\nu}{\nu} = \frac{g\Delta x}{c^2}$$

引力场的时钟移动一段距离 Δx 时快慢也会改变,时钟的读数在一段时间 t 内会相差一个量 Δt,考虑到时间周期和频率的关系 $t = 1/\nu$,得

$$\frac{\Delta t}{t} = \frac{-\Delta\nu/\nu^2}{1/\nu} = -\frac{\Delta\nu}{\nu} = \frac{g\Delta x}{c^2}$$

式中由于时钟和箱子固定,时钟距离不确定量 Δx 也是箱子的不确定量 Δx。箱子位置不准确量 Δx 会给箱子动量不准确量 Δp_x,但这个动量不准确量不会大于在称重时间 t 内引力场给予质量变化 Δm 的箱子的总冲量

$$\Delta mgt \geqslant \Delta p_x \quad \Rightarrow \quad \frac{\Delta E}{c^2}gt \geqslant \Delta p_x$$

光子时间能量不确定关系就出现了,即

$$\Delta t \cdot \Delta E = \frac{gt\Delta x}{c^2}\Delta E = \Delta x\frac{\Delta E}{c^2}gt \geqslant \Delta x\Delta p_x \geqslant \frac{\hbar}{2}$$

光子时间能量不确定关系仍然成立,Einstein 对不确定关系的质疑不成立。光子箱悖论及其解决是一个关节点,Einstein 终于承认 Bohr 对量子力学的解释不存在逻辑上的缺陷,自此以后他的主攻方向就从试图找出量子力学理论体系的不自洽

性转到试图证明量子力学的不完备性上了。

12.2　Einstein-Podolsky-Rosen 佯谬

EPR 文章认为任何严肃的物理理论必须考虑到客观实在和物理概念的区别，客观实在独立于任何理论，而物理概念用来描述理论[2]。这些物理概念应该对应于客观实在，通过这些概念我们能够形象化地认识客观实在。判断物理理论的成功与否，人们需要回答两个问题：① 理论是正确的吗？② 理论是完备的吗？理论的正确性就是理论的结论和人们的实践的符合程度，EPR 文章主要考虑的是理论的完备性，并使用理论的完备性论述来考查量子力学。什么样的理论才是完备的呢？EPR 文章认为一个物理理论的完备性条件是物理实在的每一个要素都必须在这个物理理论中有它的对应部分，于是问题就归结为：什么是物理实在的要素？物理实在的要素不可能通过先验的哲学思考来确定，必须通过实验和测量的结果来确定，EPR 提出了一个他们满意的判据：如果不以任何方式干扰物理体系，人们能精确地，即以概率为 1 地预言某一物理量的值，那么就存在某一物理量对应的物理实在的要素。不能认为这一判据是物理实在的必要条件，仅仅是一个充分条件，这个判据和经典物理、量子力学相符合。

量子力学的基本概念是由波函数完备描述的量子态，量子态是描述粒子行为的变量的函数，量子力学中每一个可观察物理量 A 用一个算符表示。设 ψ 为 A 的本征函数，有

$$A\psi = a\psi \tag{12.1}$$

式中 a 是 A 的本征值，当粒子在 ψ 态时物理量 A 有一个确定的值，符合物理实在的判据。如果(12.1)式成立，存在对应于物理量 A 的物理实在的一个要素。量子力学的 Heisenberg 不确定关系表明，若 A 和 B 两个物理量对应的算符不对易，则在 A 的本征态测量 A，得到概率为 1 的确定值；而在 A 的本征态测量物理量 B，B 的值不能确定。两者中任何一个物理量的精确知识都会排斥另一个物理量的精确知识，而且精确确定后一物理量的任何实验上的测量都会以破坏前一个物理量知识的方式改变系统之前的态。按物理实在的判据，当物理量 A 精确确定时物理量

A 是物理实在的一个要素，然而物理量 B 完全不确定，因此 B 不是物理实在的一个要素。

以自由粒子为例，其波函数

$$\psi = e^{ip_0 x/\hbar} \tag{12.2}$$

式中 $\hbar = h/(2\pi)$ 为约化 Planck 常数，p_0 是常数，x 为独立变量。该态是动量算符的本征态，因此动量有一个确定的值，$p\psi = -i\hbar\partial_x\psi = p_0\psi$，动量是处于量子态(12.2)式粒子的实在要素。而此时从这个关系式 $q\psi = x\psi$ 看出，粒子的坐标完全不能确定。假定两个位置 a 和 b，我们能够确定粒子在 a 和 b 之间的相对概率

$$P(a,b) = \int_a^b \psi^* \psi \mathrm{d}x = b - a \tag{12.3}$$

该概率独立于 a 位置，依赖于差值 $b-a$，我们明白粒子的所有坐标值是等概率分布的。粒子的位置不能精确预测，却能通过一次直接测量获知。然而对坐标的直接测量干扰了粒子，改变了粒子的量子态。在坐标确定后，粒子就不再是由平面波函数描述的自由粒子了。这便是量子力学通常的结论，即当精确知道粒子的动量时，粒子的坐标就没有物理实在性(不是物理实在的要素)了。

通常认为量子力学的波函数包含对物理实在的完备性描述，这个假定是有道理的，因为从波函数得到的信息好像确切地对应着被测量的量，同时又没有改变系统的态。当两个力学量对应的算符不对易时，两者中任何一个物理量的精确知识都会排斥另一个物理量的精确知识，而且精确确定后一物理量的任何实验上的测量都会以破坏前一个物理量知识的方式改变系统之前的态，因此两个力学量不可能同时都是物理实在的要素。如果两个不对易的力学量同时都是物理实在要素的话，它们就有可以预测的确定的数值。然而下面的论述表明波函数对物理实在的完备性描述和两个不对易物理量的物理实在要素的判据会导致矛盾的结果，从而迫使人们相信量子力学的波函数对物理实在的描述是不完备的。

EPR 假定有两个体系Ⅰ和Ⅱ，在 $t=0$ 之前它们的状态是已知的，在 $t=0$ 到 $t=T$ 之间两者发生相互作用，在 $t>T$ 后，两个体系不再有任何相互作用。在 $t=0$ 时体系Ⅰ和Ⅱ合成的总体系用波函数 $\psi(0)$ 描述。按量子力学可由 Schrödinger 方程算出以后任何时刻的波函数 $\psi(t)$，包含了 $t>T$ 的波函数。由于 $t>T$ 时，两个体系无相互作用，体系总波函数 $\psi(x_1,x_2)$ 总可以表示为两个体系波函数的乘积。设 $a_1,a_2,a_3,\cdots$ 是属于体系Ⅰ某一物理量 A 的本征值，而

$u_1(x_1), u_2(x_1), u_3(x_1), \cdots$是对应的本征函数，$x_1$ 为体系Ⅰ的变量。现在在 $t > T$ 时对体系Ⅰ测量物理量 A，按量子力学这相当于把 $\psi(x_1, x_2)$按算符 A 的本征函数系$\{u_n(x_1)\}$展开，得

$$\psi(x_1, x_2) = \sum_{n=0}^{\infty} \psi_n(x_2) u_n(x_1) \tag{12.4}$$

式中 $\psi_n(x_2)$为级数展开中第 n 项的系数。假定物理量 A 已被测量，并知道它的值为 a_k. 可以断言体系Ⅰ处于算符 A 的第k 个本征态$u_k(x_1)$，由量子力学波函数坍缩假设，体系Ⅱ就处于 $\psi_k(x_2)$状态，体系Ⅰ和Ⅱ的总波函数坍缩为 $\psi_k(x_2) \times u_k(x_1)$。

同样地，设 $b_1, b_2, b_3, \cdots$是属于体系Ⅰ某一物理量 B 的本征值，而 $v_1(x_1)$, $v_2(x_1), v_3(x_1), \cdots$是对应的本征函数，$x_1$ 为体系Ⅰ的变量。在 $t > T$ 时对体系Ⅰ测量物理量 B，也可以把 $\psi(x_1, x_2)$按算符 B 的本征函数系$\{v_n(x_1)\}$展开，得

$$\psi(x_1, x_2) = \sum_{s=1}^{\infty} \varphi_s(x_2) v_s(x_1) \tag{12.5}$$

式中 $\varphi_s(x_2)$为级数展开中第 s 项的系数。假定物理量 B 已被测量，并知道它的值为 b_r，可以断言体系Ⅰ处于算符 B 的第r 个本征态 $v_r(x_1)$，由量子力学波函数坍缩假设，体系Ⅱ就处于 $\varphi_r(x_2)$状态，体系Ⅰ和Ⅱ的总波函数坍缩为 $\varphi_r(x_2) \times v_r(x_1)$。

于是得出结论，对体系Ⅰ作两种不同的测量，将使得体系Ⅱ处于两个不同的波函数所描述的不同的状态。但按假定，$t > T$ 时体系Ⅰ和Ⅱ之间无相互作用，对体系Ⅰ无论做什么测量都不应该使得体系Ⅱ发生任何实在的变化。然而从量子力学的结果来看，对同一个物理实在(与体系Ⅰ无相互作用后的体系Ⅱ)分派两个不同的波函数(体系Ⅰ测量后，体系Ⅱ坍缩到 $\psi_k(x_2)$和 $\varphi_r(x_2)$)是完全可能的。有意思的是，两个波函数 $\psi_k(x_2)$和 $\varphi_r(x_2)$完全有可能是体系Ⅱ的两个不对易的力学量的本征函数，如 P 和 Q，$[Q, P] = \mathrm{i}\hbar$。

EPR 给出了一个例子，假设两个系统是由两个粒子构成的，系统Ⅰ和Ⅱ的波函数为

$$\psi(x_1, x_2) = \int_{-\infty}^{\infty} \mathrm{e}^{\mathrm{i}p(x_1 - x_2 + x_0)/\hbar} \mathrm{d}p = \int_{-\infty}^{\infty} \mathrm{e}^{\mathrm{i}px_1/\hbar} \mathrm{e}^{\mathrm{i}p(x_0 - x_2)/\hbar} \mathrm{d}p \tag{12.6}$$

式中 x_0 为常数，(12.6)式积分结果为 $\psi(x_1, x_2) = h\delta(x_1 - x_2 + x_0)$。设力学量 A 为第一个粒子的动量 $p = -\mathrm{i}\hbar\,\partial_{x_1}$，很明显第一个粒子处于其动量的本征态

$u_p(x_1)=\mathrm{e}^{\mathrm{i}px_1/\hbar}$,粒子的动量有确定的值 p. 我们把连续谱形式的(12.6)式写成类似(12.4)式的分立谱形式为

$$\psi(x_1,x_2)=\int_{-\infty}^{\infty}\psi_p(x_2)u_p(x_1)\mathrm{d}p \tag{12.7}$$

式中 $\psi_p(x_2)=\mathrm{e}^{\mathrm{i}p(x_0-x_2)/\hbar}$,该式为第二个粒子动量算符 $P=-\mathrm{i}\hbar\partial_{x_2}$ 的本征态,对应的动量为 $-p$. 另一方面设 B 为第一个粒子的坐标 q,其对应的本征函数为 $v_x(x_1)=\delta(x_1-x)$,即 $qv_x(x_1)=x_1\delta(x_1-x)=xv_x(x_1)$。我们把连续谱形式的(12.6)式写成类似(12.5)式的分立谱形式为

$$\psi(x_1,x_2)=\int_{-\infty}^{\infty}\varphi_x(x_2)v_x(x_1)\mathrm{d}x \tag{12.8}$$

式中 $\varphi_x(x_2)=\int_{-\infty}^{\infty}\mathrm{e}^{\mathrm{i}p(x-x_2+x_0)/\hbar}\mathrm{d}p=h\delta(x-x_2+x_0)$. 事实上

$$\psi(x_1,x_2)=\int_{-\infty}^{\infty}h\delta(x-x_2+x_0)\delta(x_1-x)\mathrm{d}x=h\delta(x_1-x_2+x_0)$$

所以(12.6) 式也可以写成(12.8) 式的形式。$\varphi_x(x_2)=\int_{-\infty}^{\infty}\mathrm{e}^{\mathrm{i}p(x-x_2+x_0)/\hbar}\mathrm{d}p=h\delta(x-x_2+x_0)$ 是第二个粒子位置算符 $Q=x_2$ 的本征函数,对应的本征值为 $x+x_2$,即 $Q\varphi_x(x_2)=x_2h\delta(x-x_2+x_0)=(x+x_0)\varphi_x(x_2)$。

对第二个粒子而言其位置算符和动量算符是不对易的$[Q,P]=\mathrm{i}\hbar$,然而 EPR 找到体系Ⅰ和Ⅱ的一个量子态(12.6)式,能够分别通过测量第一个粒子的动量或位置,既不对第二个粒子有任何方式的扰动,又能以百分之百的概率来确定第二个粒子的动量或位置。如上所述,第一种情况下测量第一个粒子的动量时,第二个粒子的动量也有个确定的值,第二个粒子的动量是物理实在的要素;第二种情况下测量第一个粒子的位置时,第二个粒子的位置也有一个确定的值,第二个粒子的位置也是一个物理实在的要素。这样第二个粒子的位置和动量虽然不对易,但它们却都属于同一物理实在。这样前面的论断就出现了矛盾,前面的论断说量子力学的波函数包含对物理实在的完备性描述,当两个力学量对应的算符不对易时,两个力学量不可能同时都是物理实在。而 EPR 的例子表明对第二个粒子而言,两个不对易的位置算符和动量算符都具有确定的值,因此都是物理实在,EPR 从而得出量子力学的波函数对物理实在的描述是不完备性的论断。如果有人坚持当两个或更多的物理量只有同时被测量或被预测时它们才同时是物理实在的要素,那么就得不到 EPR 的结论,即波函数的描述不完备。然而体系Ⅱ的动量 P 和位置 Q 不能

同时预测，就是说 P 和 Q 不能同时是物理实在的要素，那么体系Ⅱ的 P 和 Q 实在要素依赖于不干扰体系Ⅱ对体系Ⅰ的测量过程，合理的物理实在的定义不期望允许这样的情况。EPR 提出一个开放问题：对物理实在能完备性描述的理论是否存在，EPR 认为这样的理论是有可能的。

12.3 Bohr 的抨击和量子纠缠

Bohr 对 EPR 文章进行了抨击，Bohr 认为 EPR 文章本身的论证十分含混[3]。首先，EPR 假定"能精确地以概率百分百地预言"到底是什么含义？按量子力学，仪器对客体有相互作用，只有当为决定某一物理量的实验装置选定后，人们才能谈论预言的这个量的值。离开了仪器，观测结果就毫无确定性可言。要"精确地预言"是什么，就得知道用什么观测仪器。而 EPR 整个论证中未涉及所用仪器，不谈对体系Ⅰ观测不同物理量的装置，所谓精确预言就毫无价值。对体系Ⅰ的测量方式也很模糊，假设测量体系Ⅰ某一物理量 A，并知道它的值为 a_k，可以断言体系Ⅰ处于算符 A 的第 k 个本征态 $u_k(x_1)$，体系Ⅱ就处于 $\psi_k(x_2)$ 状态。同样地，假定物理量 B 已被测量，并知道它的值为 b_r. 可以断言体系Ⅰ处于算符 B 的第 r 个本征态 $v_r(x_1)$，体系Ⅱ就处于 $\varphi_r(x_2)$ 状态。两次测量之间是什么关系呢？是对同一个体系Ⅰ先后测量两次，还是对两个体系Ⅰ（体系Ⅰ和它的拷贝），分别测量它的物理量 A 和 B 呢？EPR 并没有叙述。其次，EPR 假定"不以任何方式干扰物理体系"实际上也并不确切。按量子力学，体系Ⅰ和Ⅱ之间虽无相互作用，但并不能认为由此就不受任何干扰。因为它们还必须受观测者对体系Ⅰ和Ⅱ所做的实验安排的干扰、实验意图和实验手续的干扰。观测者对体系Ⅰ测量物理量 A 而不是 B，也不是其他的物理量，这本身就是一种干扰，这种干扰是无法排除的，也不是用在通常意义下的体系Ⅰ和Ⅱ之间的相互作用所能概括的。这种干扰不单要干扰体系Ⅰ，还要影响体系Ⅱ。Bohr 认为在微观领域内，可观测的物理量本身或者"物理要素"，都离不开测量装置。"实在"一词，只有在测量手续、实验安排等完全给定的意义下才能在量子力学中毫不含糊地使用。因此从量子力学来看，Bohr 认为 EPR 论证本身不够完善。

EPR 文章刺激了新理论的产生，如 de Broglie-Bohm 隐变量理论[4]。EPR 文章出提到的(12.4)式或(12.5)式，具有极其基本而又极其重要的意义。EPR 理论与其说是佯谬，倒不如说是量子力学的发展。该式表明两个子系统构成的复合系统，两个子系统间即使没有相互作用，即使相距无限远，对体系Ⅰ测量某个物理量，体系Ⅰ坍缩到该物理量的本征态的瞬间，体系Ⅱ也坍缩到与体系Ⅰ相应的某个物理量的本征态。在测量的一瞬间体系Ⅰ和Ⅱ总是关联在一起。Schrödinger 受到 EPR 文章的启发，提出了著名的猫佯谬，并将 EPR 文章中的(12.4)式或(12.5)式所揭示的那种关联命名为量子纠缠[5]。Schrödinger 猫佯谬是一个设计巧妙的理想实验：将一只猫关在箱子里，箱内还置有一个铀原子、一个盛有毒气的玻璃瓶，以及一套受检测器控制的、由锤子构成的执行机构。铀是不稳定的元素，衰变时放出射线触发检测器，驱动锤子击碎玻璃瓶，释放出毒气将猫毒死。铀未衰变前，毒气未放出，猫是活的。铀原子在何时衰变是不确定的，所以它处于衰变和未衰变的叠加态。Schrödinger 挖苦说：在箱子未打开进行观测前，按照量子力学的哥本哈根解释，箱中之猫处于"死-活叠加态"。设 Schrödinger 的猫死活 $|\text{dead}\rangle$ 或 $|\text{alive}\rangle$，原子衰变与否 $|\text{decay}\rangle$ 或 $|\text{not decay}\rangle$，猫的死活和原子衰变与否便纠缠在一起，形成纠缠态 $|\psi\rangle = |\text{alive}\rangle|\text{not decay}\rangle + |\text{dead}\rangle|\text{decay}\rangle$，该式和(12.4)式或(12.5)式具有完全相同的形式。

Bohm 将 EPR 纠缠(12.4)式或(12.5)式做了简化[6]，两个自旋分量代替原来的坐标和动量。一个自旋为零的分子由两个自旋为 1/2 的原子组成，此时分子的波函数为 $|\psi\rangle = (|\uparrow\rangle_1|\downarrow\rangle_2 - |\downarrow\rangle_1|\uparrow\rangle_2)/\sqrt{2}$，式中 $|\uparrow\rangle$ 和 $|\downarrow\rangle$ 代表原子的自旋取向，两个原子被分开，但不影响它们的总自旋。分开足够远，两原子停止相互作用，然后测量第一个原子的自旋，因为总自旋为零，立刻就知道了第二个原子的自旋(与第一个原子的自旋相反)，这样两个原子的自旋就纠缠在一起了。而朝上朝下的自旋构成了一个量子比特，EPR 发现的量子纠缠已成为量子通信、量子计算的基本资源，是量子信息学的开端。

参考文献

[1] 尼尔斯·玻尔. 原子物理学和人类知识[M]. 郁韬，译. 北京：商务印书馆，1964：58-61.

[2] Einstein A, Podolsky B, Rosen N. Can quantum-mechanical description of physical reality be considered complete? [J]. Phys. Rev., 1935, 47: 777-780.

[3] Bohr N. Can quantum-mechanical description of physical reality be considered complete? [J]. Phys. Rev., 1935, 48: 696-702.

[4] Bohm D, Hiley B. The de broglie pilot wave theory and the further development of new insights arising out of it[J]. Found. Phys., 1982, 12: 1001-1016.

[5] Schrödinger E. Die gegenwärtige situation in der quantenmechanik[J]. Naturwissenschaften, 1935, 23: 807-812.

[6] Bohm D, Aharonov Y. Discussion of experimental proof for the paradox of einstein, rosen and podolsky[J]. Phys. Rev., 1957, 108: 1070-1076.

附　　录

附录 1　主要物理学家的科学贡献

Max Planck（普朗克，1858～1947，图 1），德国物理学家，1885 年深入研究熵及其物理化学的应用，为 Svante Arrhenius 的电解理论提供了热力学基础。1894 年把注意力转向黑体辐射，1900 年 10 月提出了和实验完全吻合的黑体辐射的 Planck 公式，1900 年 12 月为他的公式找到一个物理假设，谐振子能量量子化，这个假设被视为量子论的开端。学生有 G. Hertz、W. Meissner、W. Schottky、M. Von Laue、W. Bothe 等，1918 年获诺贝尔物理学奖。

图 1

Albert Einstein（爱因斯坦，1879～1955，图 2），德国物理学家，1905 年关于 Brown 运动的研究确立了分子的存在，提出光量子概念解释光电效应，创立狭义相对论，提出质能关系 $E=mc^2$，1906 年用 Planck 量子论解释了固体比热随温度变化，1907 年发现等效原理，即引力质量和惯性质量相等，定性预言了光线在引力场中会弯曲，引力红移，1909 年发现 Planck 能量子必须有一个很好的动量定义，阐明光的波粒二象性，1913 年和 O. Stern 合作基于双原子分子的热力学阐明了零点能的存在，1915 年创立广义相对论，将引力解释为物质引起的时空结构的弯曲，定量地计算出了光线在太阳引力下的弯曲角度，1919 年 A. Eddington 初步地证实了这个预言，1915 年和 W. de Haas 合作揭示了物质磁性是由于电子的运动（电子自旋）产生，被称为 Einstein-de Haas 效应，1916 年预言引力波的存在，1917 年用广义相对论考查整个宇宙的结构，创立现代宇宙学，1917 年提出受激辐射的概念，使激光的诞生成为可能，1924 年发展了光子 Bose 统计法，预言了冷原子的 Bose-Einstein 凝聚现象，1995 年为 E. Cornell、C. Wieman、W. Ketterle 实现，为了将自旋粒子纳入广义相对论框架，20 年代提出 Einstein-Cartan 理论，1926 年和 L. Szilárd 合作发明吸收式电冰箱，1930 年取得专利，1935 年和 B. Podolsky、N. Rosen 合作提出了 EPR 佯谬旨在揭示量子现象与人们直觉的差异，1935 年和 N. Rosen 合作在理论上预言了 Einstein-Rosen 桥（虫洞）的存在，1922 年起从事统一场论的工作，但没有取得实质性的结果。

图 2

Niels Henrik David Bohr（玻尔，1885～1962，图 3），丹麦物理学家，1913 年发表氢原子理论解释氢光谱的规律，1922 年从原子结构理论出发解释了元素周期表的形成，1928 年提出的互补（并协）性原理，是量子力学哥本哈根解释的主要作者之一。1936 年提出复合核的概念解释核反应，1939 年和 J. Wheeler 合作用液滴模型研究核裂变时指出由慢中子引起核裂变的是 ^{235}U 而非 ^{238}U，1922 年获诺贝尔物理学奖。人造 107 号元素“Bohrium”是为了纪念 Bohr 而命名的。

图 3

Louis-Victor-Pierre-Raymond，Duc de Bro-

图 4

glie(德布罗意,1892.8～1987.3,图 4),法国物理学家,1924 年发现物质波,提出微观粒子和光一样具有波粒二象性,后来致力于发展波动理论的因果律解释及 de Broglie-Bohm 理论,1929 年获诺贝尔物理学奖。

Werner Heisenberg(海森伯,1901～1976,图 5),德国物理学家,1925 年和 M. Born, P. Jordan 创立量子力学第一种有效形式——矩阵力学,1926 年发现 Fermi 子波函数交换对称性,解决了氦原子光谱之谜,1927 年发现不确定关系,1928 年使用 Pauli 不相容原理解决了铁磁之谜,1929 年和 W. Pauli 合作创立量子场论,1932 年阐明原子核由质子、中子两种核子构成,引入同位旋概念,1933 年发展正电子理论,1936 年给出了宇宙射线簇射理论,1942 年提出从核裂变提取能量的可能性, 1942 年发展粒子物理中 S 矩阵理论,和 J. Wheeler 同为 S 矩阵之父,1947 年对理解超导现象做出了贡献,1948 年兴趣短暂地回到湍流理论,1953 年后兴趣集中在基本粒子的统一场论,1957 年对等离子体物理和核聚变感兴趣。学生有 F. Bloch、E. Teller、R. Peierls、H. Jahn、U. Fano、王福山等。1932 年获诺贝尔物理学奖。

Paul Adrien Maurice Dirac(狄拉克,1902～1984,图 6),英国物理学家,1925

图 5

图 6

年借助于量子泊松括号发展了量子力学的 q 数理论，被证明和矩阵力学完全等价，1926 年独立于 E. Fermi 提出了 Fermi 子遵循的 Fermi-Dirac 统计，1926 年独立于 P. Jordan 完成量子力学表象变换理论，1927 年将电磁场量子化，1928 年写出了相对论性的电子的方程 Dirac 方程，由该方程自然导出电子的自旋，1930 年出版的《量子力学原理》一书提出了 δ 函数，1931 年预言正电子的存在，1932 年正电子被 C. Anderson 观察到，1933 年预言磁单极子存在，1933 年考查了量子力学中的 Lagrange 量，为 Feynman 的路径积分提供了线索，20 世纪 30 年代早期提出了真空极化的概念，1937 年提出宇宙学的大数假说，20 世纪 50 年代早期发展了约束 Hamilton 理论，50 年代末期将 Einstein 广义相对论写成 Hamilton 形式，为量子化引力做了准备。1933 年获诺贝尔物理学奖。

Erwin Rudolf Josef Alexander Schrödinger（薛定谔，1887～1961，图 7），奥地利物理学家，1926 年写出 Schrödinger 方程，创立量子力学第二种有效形式——波动力学，1935 年提出 Schrödinger 猫思想实验，1944 年完成《生命是什么?》，激励 J. Watson 研究基因，促使了 DNA 双螺旋结构的发现，1933 年获诺贝尔物理学奖。

Max Born（玻恩，1882～1970，图 8），德国物理学家、数学家，1925 年和 W. Heisenberg，P. Jordan 合作创立量子力学第一种有效形式——矩阵力学，1926 年给出了 Schrödinger 方程中波函数的概率解释，还在固体物理、光学都有重要贡献，学生有 J. Oppenheimer、M. Delbrück、F. Hund、P. Jordan、M. G. Mayer、程

图 7

图 8

开甲、彭桓武、杨立铭、黄昆等，在 Göttingen 的助教有 E. Fermi、W. Heisenberg、G. Herzberg、W. Pauli、E. Wigner 都是诺贝尔奖获得者，Born 于 1954 年获诺贝尔物理学奖。

Wolfgang Ernst Pauli(泡利，1900～1958，图 9)，奥地利物理学家，1921 年为德国《数学科学百科全书》撰写相对论词条并受到 Einstein 的称赞，1925 年发现 Pauli 不相容原理，1926 年用 Heisenberg 等创立的矩阵力学，解出了氢原子的能级和光谱，引入 Pauli 矩阵描述电子自旋，1929 年和 W. Heisenberg 合作创立量子场论，1930 年考虑 β 衰变问题时提出中微子假说，1956 年被实验证实，1940 年证明自旋统计定理，1949 年和 F. Villars 提出了 Pauli-Villars 正规化，1953 年将 Kaluza、Klein、Fock 五维理论前后一致地一般化到更高维内部空间，但因没有办法赋予规范 Bose 子质量而没有发表，1954 年独立于 G. Lüders 证明了 CPT 定理，1945 年获诺贝尔物理学奖。

图 9

附录 2　原始性创新的思维方式

Einstein 能做出许多重要的原始性创新的成就与其先进的思维方式分不开，这个先进的思维方式就是非逻辑思维和逻辑思维的有机结合[1]。逻辑思维是大家比较熟悉的，运用演绎、分析、综合、概括等手段对问题进行研究从而解决问题。比如想知道宏观物体的运动规律，就需要求解一定初始条件下的 Newton 运动方程，可以得到以后任意时刻物体的运动状态(包括位置和速度等信息)。然而应当意识到纯粹的逻辑思维不能给我们任何关于经验世界的知识，因为一切关于理论的知识都是从经验开始又终结于经验，用纯粹逻辑方法得到结果对于理论来说是空洞的。做出原始性创新成果，还需要非逻辑思维。所谓非逻辑思维就是对问题直觉、灵感、想象和联想式的思考，非逻辑思维是人类理智的构造，通俗地说就是猜想。物理学本质上是一种具体的、直觉的科学，物理学家首先发现基本概念和物理原理，而后从这些概念和原理推导出结论。通向这些概念和原理并没有逻辑的道路，需要以对经验共鸣的理解为依据的直觉或猜想。当然物理学家也不是以凭空的直觉或猜想就能得到基本概念和原理，科学发展的继承性决定了后代科学家要在前人研究的基础上才能成功，也就是要"站在巨人的肩膀上"。得到概念和原理后理论物理学家采取逻辑推理的方法，探索事物的根本实质，再通过实验的结果验证逻辑推理结果的正确性，整个研究的过程就是非逻辑思维和逻辑思维有机的统一，这也是 Einstein 倡导的科学方法论的原则。

我们举一些典型的实例，让大家对这种思维方式有更清晰的认识。第一个例子就是 Einstein 光量子理论。Einstein 用逻辑的方法导出黑体辐射体积变化时的熵式和 n 个原子的气体体积变化时的熵式，黑体辐射和多原子气体之间并没有逻辑的关系，Einstein 非逻辑地猜测"从热学方面看，能量密度小的辐射好像是由一些互不相关的大小为 $h\nu$ 的能量子组成的"，从而他发现了光量子。这种主观性极强的直觉或猜测到底对不对呢？Einstein 也没有十足的把握，他用光量子概念成功地解释了光致发光的 Stokes 定律、光电效应实验定律和紫外光使气体电离实验定律，这使得光量子概念的直觉或猜测增添了很多的可靠性。

第二个例子是 Bohr 氢原子理论。1911 年 Rutherford 根据 α 粒子被金属薄膜大角度散射的实验结果提出了原子的核式结构模型，然而原子核外的电子如何运动，Rutherford 核式原子模型无法回答。核式原子模型还导致产生一个经典物理难以解释的原子稳定性的问题，无论核外电子如何绕原子核运动，都是加速运动，加速运动的电荷会辐射电磁波致使电子会跑到原子核里面，原子就会坍塌。1913 年 Bohr 综合考虑了 Rutherfrod 核式原子模型和 Einstein 光量子理论，提出了氢原子理论。这个理论的两个前提假设分别是定态假设和满足频率条件的跃迁假设，其中以定态假设最值得玩味。按照经典 Maxwell 电磁理论原子不稳定会坍塌，而实际的原子都是非常稳定的，Bohr 就把原子是稳定的事实提升为定态假设，即电子绕着原子核做圆周运动，但不辐射电磁波，原子处于不同的定态，体系的能量不连续。Bohr 提出的定态假设还有跃迁假设都是非逻辑的直觉或猜测，因为逻辑的经典 Maxwell 电磁理论中原子是不稳定的。有了非逻辑的直觉的两个前提假设，Bohr 用经典 Newton 第二定律的逻辑推理得到完整的氢原子理论，解决了氢原子光谱之谜。Bohr 提出了氢原子理论后，于 1922 年提出多电子原子的壳层模型对元素周期律给予了物理解释，Bohr 把多电子原子分成好几个壳层，由原子光谱的数据 Bohr 给出了每个壳层最多容纳 $2n^2$ 个电子。Bohr 氢原子理论中电子在

不同主量子数 n 的轨道上运动，多电子原子分成几个壳层，那划分壳层的依据是什么呢？多电子原子壳层和氢原子主量子数 n 之间没有任何逻辑上的关系，Bohr 非逻辑地猜测多电子原子的 K，L，M 等壳层就对应于氢原子的主量子数 n，由此第一个给元素周期律以物理解释。Bohr 还从他的原子壳层模型预言了 72 号元素和 40 号锆的性质接近，应该在锆的矿石中寻找 72 号元素。1923 年 Coster 和 Hevesy 按图索骥果然在锆的矿石中找到了 72 号元素，并把它命名为铪 Hf，为了纪念它的发现地哥本哈根。

第三个例子是 de Broglie 物质波。Einstein 在 1905 年提出的光量子概念使得人们对光的本性的认识又进了一步，即光是波动性和粒子性的统一。光传播时显示出波动性，与物质相互作用时显示出粒子性，波动性和粒子性不会同时显示出来，要全面描述光的性质，两者缺一不可。既然光既具有粒子性又具有波动性，那么微观粒子会具有什么性质呢？光和微观粒子是不同性质的客体，无法通过光的波粒二象性的逻辑的推理推导出微观粒子也具有波粒二象性，de Broglie 非逻辑地猜测到微观粒子也具有波粒二象性，之前人们过多地关注了微观粒子的粒子性而未意识到微观粒子具有波动性。为了论证微观粒子的波动性，de Broglie 假定在粒子本身参考系中粒子在振动，当粒子运动时实验室参考系中的观察者观测到粒子的速度，借助于狭义相对论的 Lorentz 变换，de Broglie 逻辑地导出了微观粒子运动时的波长和动量的关系是 $\lambda = h/p$，式中 h 为 Planck 常数。

从这些典型的实例来看，Einstein 倡导的非逻辑思维和逻辑思维的有机结合是研究者做出重大科学发现的基本思维方式，非逻辑的直觉或猜想提出了物理的概念和原理，严密的逻辑推理获得了事物的根本实质和内在联系，如果实验结果证实了逻辑推理的推论，就做出了重大的科学发现。

当然 Einstein 能做出许多重要的科学发现，除了他具有先进的思维方式以外，还有一个十分可贵的品质，那就是科学研究的自信，相信自己的直觉和推理过程，坚持自己的正确主张。事实上 Einstein 提出光量子概念后，Planck 和 Bohr 都曾拒绝接受光量子的概念。Planck 于 1913 年为 Einstein 写推荐信时说“可能有时候他的设想会迷失方向，例如，他的光量子假说……”。尽管 Bohr 氢原子理论中第二个假设，频率条件 $\nu = (E_2 - E_1)/h$，涉及电子在两能级间跃迁会发光，Bohr 还是对光量子概念有所保留，“虽然由 Einstein 关于光电现象的预言的证实而显示出了这一假设的巨大的启发性价值，光量子理论仍然明显不能满意地解决光传播的问题”。Millikan 用 Einstein 光电效应方程测量了 Planck 常数，但对光量子的概念依然持怀疑态度。他在 1916 年说过“Einstein 推导公式所依据的半微粒理论，现在看来是站不住脚的”，直到 1948 年他还说“它（光量子）得到了确实的证明，尽管它不合理；因为它似乎违背了我们所知道的一切关于光的干涉的事实”。

面对第一流物理学家的怀疑，Einstein 还是相信自己的直觉和推理，坚持自己的正确主张，没有撤回自己的观点。直至 1923 年 Compton 发现了 Compton 效应以后，即 X 射线被石墨等物质散射后散射光除了有与原来入射光频率相同的成分，还包括比入射光频率较低的成分，光量子的概念才得到普遍的承认。

科学发展历史上由于不自信而丢掉科研成果的科学家也还是有的，这里举一个 R. Kronig 的反例。1925 年 Pauli 提出了 Pauli 不相容原理，预测了电子应该有第四自由度，并且认定第四自由度只可能有两个经典物理无法描述的取值。Kronig 最先提出了第四自由度的物理图像即电子自旋，Pauli 对此想法进行了批评：电子自转的切线速度超过光速，从而违反狭义相对论。面对 Pauli 的尖锐批评，Kronig 没有勇气发表自己的想法。1925 年 G. Uhlenbeck 和 S. Goudsmit 发表了电子自旋假说，而 Kronig 没有坚持自己的正确主张而失掉了电子自旋的发现权。

参考文献

[1] 阿尔伯特·爱因斯坦. 爱因斯坦文集：第 1 卷[M]. 许良英，李宝恒，赵中立，等译. 北京：商务印书馆，2010：111-112，172-173.